Helfenberger Annalen
1902.

Band XV.

Im Auftrage der

Chemischen Fabrik Helfenberg A. G.

vorm. EUGEN DIETERICH

herausgegeben von

DR. KARL DIETERICH.

Springer-Verlag Berlin Heidelberg GmbH
1903.

Nr. 29. 2600. VI. 1903.

ISBN 978-3-662-33563-5   ISBN 978-3-662-33961-9 (eBook)
DOI 10.1007/978-3-662-33961-9

VORWORT.

Die schon in den Vorjahren eingetretene Stille im
Geschäftsleben hat zwar in wissenschaftlicher Beziehung keinen direkten Einfluss auf die hiesige
Fabrik ausgeübt, aber die Notwendigkeit herbeigeführt, der
internen Fabrikation, d. h. den Fabrikationsmethoden, weiterhin der Untersuchung der Rohmaterialien, Drogen und
der fertig hergestellten Präparate noch grössere Sorgfalt
zuzuwenden, wie früher. Auf Grund des Stillstandes in
der Industrie hat sich auch in der Güte der Drogen und
Rohstoffe, ebenso wie im Preis ein Umschwung geltend
gemacht, dem nach Möglichkeit dadurch begegnet werden
musste, dass die Anforderungen an die Rohstoffe noch schärfer
gestellt wurden, als in den Vorjahren; war es doch auch oft
schwer, eine gute Ware zu verhältnismässig civilem Preise zu
erhalten. Die Einforderung von Mustern und die Untersuchung von Proben ist also in viel weitgehenderem Massstabe durchgeführt worden, als es in früheren Jahren der
Fall war. In Rücksicht auf die Nachahmungen, besonders
verschiedener hiesiger Original-Präparate ist aber auch die
Notwendigkeit noch dringender an uns herangetreten, unsere
fertigen Präparate auf das genaueste zu kontrollieren und
zwar noch schärfer und noch öfter als früher, um damit
unseren Abnehmern, besonders den Ärzten und Apothekern,
auch weiterhin eine volle Garantie für die Güte und Gleich-
mässigkeit unserer Zusammensetzungen zu bieten. Die ge-
samte wissenschaftliche Arbeit ist sozusagen damit nicht, wie
früher, in der Veröffentlichung von Arbeiten, in wissenschaftlichen Aufsätzen nach aussen hin, sondern mehr in d e r

Arbeit nach innen zum Ausdruck gekommen. Auf Grund zahlreicher Versuche und eingehender Analysen ist es uns auch gelungen, nicht nur durch Erweiterung der Untersuchungsmethoden, sondern auch durch Verbesserung der Fabrikationsmethoden Verbilligungen zu schaffen, welche heute für zahlreiche Fabrikationszweige wirkliche Fortschritte bedeuten. Auch die Aufnahme mehrerer neuer Fabrikationszweige und Artikel hat ebenfalls die Arbeit der wissenschaftlichen Abteilung in hohem Maße belastet. So sind die diesjährigen Annalen nicht nur eine Zusammenstellung von Erfahrungen über die Drogen und Rohstoffe und über die hier hergestellten älteren und neueren Präparate, sondern auch eine Sammlung von analytischem Zahlenmaterial, welches zwar nicht allenthalben Neues bringt, aber doch gewiss als Ausdruck der wissenschaftlichen Tätigkeit der hiesigen Fabrik nach wie vor von unseren Abnehmern, Freunden und Gönnern wohlwollend beurteilt werden möge. In Bezug auf die von uns in den Annalen 1897 aufgestellten Grenzwerte und Anforderungen ist zu bemerken, dass leider diese oft sehr streng gestellten Anforderungen nicht allenthalben eingehalten werden konnten, da sowohl der Preis, wie die minderwertige Qualität vieler Drogen zu milderen Ansprüchen zwingt. Oft steht die Qualität zu der allgemeinen Verteuerung der Drogen und Rohstoffe in gar keinem Verhältnis. Es hat also der hier stattgehabte Umschwung von Qualität und Preis auch eine Verschiebung der Grenzwerte und Anforderungen zur Folge gehabt. Das wissenschaftliche Personal ist im Vergleich zu anderen Jahren vermehrt und auch neuere Untersuchungsmethoden, von denen wir besonders die zahlreichen neuen Methoden zur Bestimmung der Jodzahlen hervorheben wollen, hier bereits in Betracht gezogen worden. Da in Bezug auf die neueren Jodzahlbestimmungsmethoden von den betreffenden Autoren selbst noch verhältnismässig wenig Erfahrungen vorliegen, auch noch immer Verbesserungen an den Methoden veröffentlicht werden, und da andrerseits von anderen Autoren bisher nur wenig Analysenmaterial bekannt geworden ist, so ziehen wir vor, ein definitives Urteil über das analytische

Belegmaterial nur kurz anzudeuten, die ausführliche Arbeit aber erst in einem Band der nächstjährigen Annalen zu veröffentlichen. Besonders hervorheben wollen wir folgende Studien, über die in den diesjährigen Annalen zum ersten Mal berichtet wird:

> *Über Milchmalzextrakt.*
>
> *Zur Analyse der Harzkörper.*
>
> *Über Muskatbutter.*
>
> *Über die qualitative und quantitative Löslichkeit von Dammar.*
>
> *Über die qualitative und quantitative Löslichkeit von Olibanum.*
>
> *Über Cacaoline.*
>
> *Über Wollfettwachs.*
>
> *Über Pfirsich- und Aprikosenkernöl.*

Wir möchten die diesjährigen Annalen nicht hinausschicken, ohne noch besonders auf die wertvollen Beiträge zur Untersuchung der Drogen, Rohstoffe und Präparate, wie sie regelmässig von den Firmen G e h e & C o., Dresden, C ä s a r & L o r e t z, Halle a. d. S., S c h i m m e l & Co., Miltitz bei Leipzig, E. M e r c k, Darmstadt und anderen hervorragenden Häusern veröffentlicht werden, hinzuweisen. Auch die hiesige Firma ist bemüht, den gesamten Betrieb auf wissenschaftlicher Grundlage zu erhalten, so dass die diesjährigen Annalen als ein bescheidener Beitrag zur angewandten Chemie dem Wohlwollen der Kritik wiederum anempfohlen sein mögen.

Zum Schlusse sei noch den hiesigen wissenschaftlichen Mitarbeitern, Herrn Laboratoriums-Vorstand Hermann M i x, weiterhin Herren Apotheker M ü l l e r und Dr. W e i s s b r e n n e r für ihre getreue Mithilfe gedankt. Dieser Dank gilt noch besonders Herrn M i x, welcher sich auch bei der Herausgabe und Korrektur der Annalen verdient gemacht hat.

Karl Dieterich.

Inhalts-Verzeichnis

siehe am Schluss.

——◆——

Definitionen und Abkürzungen.

a) **für Harzkörper** nach *K. Dieterich.**)

Definition

der

1. Säurezahl (direkt und indirekt) = S.-Z. d. u. S.-Z. ind.: Die Anzahl Milligramme KOH, welche die freie Säure von 1 g Harz bei der direkten oder Rücktitration zu binden vermag

2. Säurezahl der flüchtigen Anteile = S.-Z. f : Die Anzahl Milligramme KOH, welche 500 g Destillat von 0,5 g Gummiharz (Ammoniacum, Galbanum), mit Wasserdämpfen abdestilliert, zu binden vermögen.

3. Verseifungszahl (heiss und kalt) = V.-Z h. u. V.-Z. k.: Die Anzahl Milligramme KOH, welche 1 g Harz bei der Verseifung auf heissem oder kaltem Wege zu binden vermag.

4. Harzzahl = H-Z : Die Anzahl Milligramme KOH, welche 1 g gewisser Harze und Gummiharze bei der kalten fraktionierten Verseifung mit nur alkoholischer Lauge zu binden vermag.

5. Gesamt-Verseifungszahl (fraktionierte Verseifung) = G.-V.-Z.: Die Anzahl Milligramme KOH, welche 1 g gewisser Harze und Gummiharze bei der kalten fraktionierten Verseifung mit alkoholischer und wässeriger Lauge nacheinander behandelt in summa zu binden vermag.

6. Gummizahl = G.-Z.: Die Differenz von Gesamtverseifungs- und Harzzahl.

7. Esterzahl = E.-Z : Die Differenz von Verseifungs- und Säurezahl.

8. Acetylzahl = A.-Z : Die Differenz von Acetylverseifungs- und Acetylsäurezahl.

9. Carbonylzahl = C.-Z.: Die Prozente Carbonylsauerstoff der angewandten Substanz.

10. Methylzahl = M.-Z.: Die Menge Methyl, welche 1 g Harz ergibt

Die Abkürzungen resp. die mit kleinen Buchstaben beigefügten Bezeichnungen, wie d. = direkt, ind. = indirekt (Rücktitration), k. = kalt, h = heiss, f. = flüchtig werden in diesen Annalen durchgeführt, um diesen Bezeichnungen, welche sofort die angewendete Methode erkennen lassen, allgemeinen Eingang und Geltung zu verschaffen.

---

*) Aus der „Analyse der Harze“ von *K. Dieterich.*

Es bedeutet:

     S.-Z. d.   = Säurezahl direkt bestimmt.
     S.-Z. ind.   = Säurezahl durch Rücktitration bestimmt
     S.-Z. f.   = Säurezahl der flüchtigen Anteile.
     E.-Z.   = Ester-Zahl.
     V.-Z h.   = Verseifungszahl heiss.
     V.-Z. k   = Verseifungszahl kalt.
     H.-Z.   = Harzzahl.
     G.-V.-Z.   = Gesamt-Verseifungszahl.
     G-Z   = Gummi-Zahl.
     A.-Z.   = Acetyl-Zahl (resp. A.-S -Z., A.-E -Z., A.-V.-Z.).
     C.-Z.   = Carbonyl-Zahl.
     M.-Z.   = Methyl-Zahl.

b) **für Fette, Öle und andere Körper.**[*]

Acetyl-Säurezahl. Gibt an, wie viel Milligramme KOH zur Neutralisation von 1 g acetylierter Fettsäuren verbraucht werden.

Acetyl-Verseifungszahl. Gibt an, wie viel Milligramme KOH zur Neutralisation der freien Säure + Verseifung der Ester in 1 g acetylierter Fettsäuren verbraucht werden

Acetyl-Zahl. Gibt an, wie viel Milligramme KOH zur Verseifung der Acetylverbindungen in 1 g acetylierter Fettsäuren verbraucht werden Acetyl-Zahl ist = Acetyl-Verseifungszahl — Acetyl-Säurezahl.

Äther-Zahl = Ester-Zahl.

Burstyn'sche Säuregrade. Die zur Neutralisation der in 100 ccm Fett oder Öl enthaltenen freien Säuren erforderlichen ccm Normal-Lauge.

Ester-Zahl. Gibt die zur Verseifung der in 1 g Fett enthaltenen Ester erforderlichen Milligramme KOH an.

Hehner'sche Zahl Die Prozente der in heissem Wasser unlöslichen Fettsäuren.

Jod-Zahl. Die Prozente Jod, welche ein Fett zu binden vermag.

Köttstorfer Zahl. Die zur völligen Verseifung von 1 g Fett erforderlichen Milligramme KOH. Die Köttstorfer- oder Verseifungs-Zahl ist die Summe von Säure-Zahl und Ester-Zahl.

Reichert-Meissl'sche Zahl. Gibt an, wie viel Cubikcentimeter $\frac{n}{10}$ Lauge zur Neutralisation der aus 2,5 g Fett erhaltenen flüchtigen Fettsäuren erforderlich sind.

Säuregrade vergl. Burstyn'sche Säuregrade

Säure-Zahl. Die zur Neutralisation der in 1 g Fett enthaltenen freien Säuren erforderlichen Milligramme KOH.

Verhältnis-Zahl (bei Wachs) Der bei der Division der Ester-Zahl durch die Säure-Zahl sich ergebende Quotient.

Verseifungs-Zahl = Köttstorfer Zahl.

Wollny's Zahl. Gibt an, wie viel Cubikcentimeter $\frac{n}{10}$ Lauge zur Neutralisation der aus 5 g Fett erhaltenen flüchtigen Fettsäuren erforderlich sind.

---

[*] Zusammengestellt im pharm. Kalender 1903 von *Fischer-Arends*. S. 254

Abkürzungen:

J.-Z. n H.-W̄	= Jodzahl nach Hübl-Waller.	
S.-Z.	= Säurezahl.	
E.-Z	= Esterzahl.	
V.-Z.	= Verseifungszahl	
V.-Z. h	= ..	auf heissem Wege,
V.-Z. k.	= „	auf kaltem Wege.

Für die Definition der Säurezahl sei bemerkt, dass *E. Dieterich* bei Cacaoöl und Honig unter Säurezahl die Anzahl Milligramme KOH versteht, die **10** g Substanz bei der direkten Titration verbrauchen; bei Tinkturen versteht *K. Dieterich* unter der Säurezahl derselben die Anzahl Milligramme KOH, welche **1** g und unter der Verseifungszahl derselben die Anzahl Milligramme KOH, welche **3** g Tinktur — in ersterem Falle bei der direkten Titration, in letzterem Falle bei der Verseifung — zu binden vermögen. Diese besonderen Definitionen sind bisher nur von *E.* und *K. Dieterich* durchgeführt worden und seien dem allgemeinen Brauch anempfohlen.

A.

Normalflüssigkeiten.

$^1/_1$ Normal-Schwefelsäure.

Enthält 49,04 g H_2SO_4 im Liter. Daraus wird durch entsprechende Verdünnung die $\frac{n}{2}$ H_2SO_4 und

$$\frac{n}{10} \quad \text{„} \quad \text{hergestellt.}$$

$$
\text{Es entspricht 1 ccm } \frac{n}{2} \; H_2SO_4 = 0{,}02808 \; KOH
$$
$$
= 0{,}02003 \; NaOH
$$
$$
= 0{,}008535 \; NH_3
$$
$$
= 0{,}034575 \; K_2CO_3
$$
$$
= 0{,}026525 \; Na_2CO_3
$$

$^1/_1$ Normal-Salzsäure.

Enthält 36,46 g HCl im Liter. Daraus wird durch entsprechende Verdünnung die $\frac{n}{2}$ HCl und

$$\frac{n}{10} \quad \text{„} \quad \text{hergestellt.}$$

$^1/_1$ Normal-Kalilauge (wässerige).

Enthält 56,16 g KOH im Liter. Daraus wird durch entsprechende Verdünnung die $\frac{n}{2}$ KOH und

$$\frac{n}{10} \quad \text{„} \quad \text{hergestellt.}$$

$$
\text{Es entspricht 1 ccm } \frac{n}{2} \; KOH = 0{,}037515 \text{ g Weinsäure}
$$
$$
= 0{,}03002 \text{ g Essigsäure.}
$$

$^1/_2$ Normal-Kalilauge
(alkoholische, mit $96^0/_0$ igem Alkohol bereitet).

Enthält 28,08 g KOH im Liter.

Es entspricht 1 ccm $\frac{n}{2}$ KOH $= 0,12816$ Palmitinsäure

$= 0,14117$ Ölsäure

$= 0,14218$ Stearinsäure

$= 0,13517$ Fettsäure (Palmitin- u. Stearinsäure 1 : 1).

$^1/_2$ Normal-Ammoniak (wässeriges).

Enthält 8,535 g NH_3 im Liter.

Es entspricht 1 ccm $\frac{n}{2}$ $NH_3 = 0,01823$ HCl.

$^1/_{10}$ Normal-Jodlösung.

12,685 g J werden mit Hilfe von 20 g KJ in Wasser zum Liter gelöst.

$^1/_{10}$ Normal-Natriumthiosulfatlösung.

Enthält 24,832 g $Na_2S_2O_3 + 5\ H_2O$ zum Liter gelöst.

Es entspricht 1 ccm $= 0,012685$ g Jod.

$^1/_{10}$ Normal-Silbernitratlösung.

Enthält 16,997 g $AgNO_3$ im Liter gelöst.

Es entspricht 1 ccm $= 0,00541$ g HCN.

Hüblsche Jodlösung.

25 g Jod und 30 g Quecksilberchlorid werden zu je 500 ccm in 96% igem Alkohol gelöst. Nach dem Mischen muss die fertige Jodlösung vor dem Gebrauch 24 Stunden stehen bleiben, da der Titer derselben zuerst sehr rasch abnimmt.

Hübl-Wallersche Jodlösung.

25 g Jod werden in 96% igem Alkohol zu 500 ccm gelöst.

30 g Quecksilberchlorid und 25 g Salzsäure (1,19 spez. Gew. bei 15^0 C.) werden in 96% igem Alkohol ebenfalls zu 500 ccm gelöst.

Bei dieser gemischten Jodlösung ist die Abnahme des Titers eine bedeutend geringere.

$^1/_{10}$ Normal-Kochsalzlösung.

Enthält 5,85 g NaCl im Liter gelöst.

Dient zur Einstellung von $\frac{n}{10}$ AgNO$_3$.

$^1/_{10}$ Normal-Kaliumbijodatlösung.

Zur Einstellung von $\frac{n}{10}$ Na$_2$S$_2$O$_3$.

Enthält 3,2488 g KH(JO$_3$)$_2$ (Merck) in Wasser zu 1000 ccm gelöst.

Kupfersulfatlösung nach Fehling.

34,64 g (CuSO$_4$ + 5 H$_2$O) in Wasser zu 500 ccm gelöst. Dieselbe ist immer die gleiche, ob man nach Allihn, Fehling oder Wein arbeitet.

Seignettesalzlösungen.

I. Nach Fehling: 173 g Seignettesalz und 60 g Ätznatron zu 500 ccm gelöst.

II. Nach Allihn: 183 g Seignettesalz und 125 g Ätzkali zu 500 ccm gelöst.

Die Kupfersulfatlösung und Seignettesalzlösung I dient im Verhältnis 1+1 gemischt zur gewichtsanalytischen Maltosebestimmung — Kochdauer: 4 Minuten, und zur Traubenzuckerbestimmung nach Wein — Kochdauer: 2 Minuten; ferner zur gewichtsanalytischen Invertzuckerbestimmung — Kochdauer: 2 Minuten.

Die Kupfersulfatlösung und Seignettesalzlösung II dient im Verhältnis 1+1 gemischt zur gewichtsanalytischen Traubenzuckerbestimmung nach Allihn — Kochdauer: Nur einmal aufkochen.

Nähere Angaben hierüber finden sich in E. Schmidt org. Chemie IV. Auflage Seite 926 für Maltosebestimmung, Seite 893 und 894 für Traubenzucker- und Seite 901 und 902 für Invertzuckerbestimmung.

B.

Indikatoren.

Phenolphtaleïn

Ist eine $1\,^0/_0$ ige alkoholische Phenolphtaleïnlösung.
Dient zur Titration von Laugen und Säuren.

Methylorange.

Ist eine $1\,^0/_0$ ige alkoholische Farbstofflösung.
Dient zur Titration von kohlensauren Alkalien.

Haematoxylin.

Ist eine $1\,^0/_0$ ige alkoholische oder wässerige Farbstofflösung.
Wird hauptsächlich zu Alkaloïdtitrationen in $1\,^0/_0$ iger wässeriger Lösung verwendet.

Tropaeolin.

Eine $1\,^0/_0$ ige alkoholische Tropaeolinlösung.
Wird zur Titration von Carbonaten und Ammoniak verwendet.

Jodeosin.

Ist eine Lösung von 1 g Eosinum jodatum in 500 g Weingeist.

Rosolsäure.

Ist eine Lösung von 1 g Acid. rosolicum in 100 g Weingeist.

Bei den Vorschriften für die Berechnung der Werte ist die neuerdings von LANDOLT, OSTWALD und SEUBERT ausgearbeitete und von der Deutschen Chemischen Gesellschaft endgiltig angenommene Tabelle der Internationalen Atomgewichte zu Grunde gelegt worden. $O = 16,00$ $(H = 1,008)$ (vergl. Berichte der Deutschen Chemischen Gesellschaft 1903. H. 1), wie auf folgender Seite verzeichnet.

Internationale Atomgewichte.

		O = 16			O = 16
Aluminium	Al.	27,1	Nickel	Ni	58,7
Antimon	Sb	120,2	Niobium	Nb	94
Argon	A	39,9	Osmium	Os	191
Arsen	As	75,0	Palladium	Pd	106,5
Baryum	Ba	137,4	Phosphor	P	31,0
Beryllium	Be	9,1	Platin	Pt	194,8
Blei	Pb	206,9	Praseodym	Pr	140,5
Bor	B	11	Quecksilber	Hg	200,0
Brom	Br	79,96	Radium	Ra	225
Cadmium	Cd	112,4	Rhodium	Rh	103,0
Caesium	Cs	133	Rubidium	Rb	85,4
Calcium	Ca	40,1	Ruthenium	Ru	101,7
Cerium	Ce	140	Samarium	Sa	150
Chlor	Cl	35,45	Sauerstoff	O	16,00
Chrom	Cr	52,1	Scandium	Sc	44,1
Eisen	Fe	55,9	Schwefel	S	32,06
Erbium	Er	166	Selen	Se	79,2
Fluor	F	19	Silber	Ag	107,93
Gadolinium	Gd	156	Silicium	Si	28,4
Gallium	Ga	70	Stickstoff	N	14,04
Germanium	Ge	72,5	Strontium	Sr	87,6
Gold	Au	197,2	Tantal	Ta	183
Helium	He	4	Tellur	Te	127,6
Indium	In	114	Terbium	Tb	160
Iridium	Ir	193,0	Thallium	Tl	204,1
Jod	J	126,85	Thorium	Th	232,5
Kalium	K	39,15	Thulium	Tu	171
Kobalt	Co	59,0	Titan	Ti	48,1
Kohlenstoff	C	12,00	Uran	U	238,5
Krypton	Kr	81,8	Vanadin	V	51,2
Kupfer	Cu	63,6	Wasserstoff	H	1,008
Lanthan	La	138,9	Wismuth	Bi	208,5
Lithium	Li	7,03	Wolfram	W	184,0
Magnesium	Mg	24,36	Xenon	X	128
Mangan	Mn	55,0	Ytterbium	Yb	173,0
Molybdän	Mo	96,0	Yttrium	Y	89,0
Natrium	Na	23,05	Zink	Zn	65,4
Neodym	Nd	143,6	Zinn	Sn	119,0
Neon	Ne	20	Zirkonium	Zr	90,6

A.

Chemikalien, Drogen und Rohstoffe.

Acetonum.

(Aceton.)

Untersuchungsmethode: nach dem Ergänzungsbuch zum D. A. III., II. Ausg., S. 1.

Untersuchungsresultate:

Im Berichtsjahre kamen 3 Proben Aceton zur Prüfung. Zwei zeigten 0,800 und 0,801 spez. Gew. bei 15⁰ C und entsprachen auch sonst den Anforderungen des Ergänzungsbuchs.

Die dritte Probe war technisches Aceton, hatte nur 0,797 spez. Gew. bei 15⁰ C und roch nach Methylalkohol. Im übrigen entsprach dieselbe ebenfalls dem Ergänzungsbuch.

Acidum citricum.

(Citronensäure.)

Untersuchungsmethode: nach dem D. A. IV.

Untersuchungsresultate:

Nr.	% Glührückstand	Bemerkungen
1	0,002	E. d. A. d. D. A. IV.
2	0,000	„
3	0,054	deutl. Reaktion auf H_2SO_4. E. s. d. A. d. D. A. IV.
4	0,047	„ „ „ „ „
5	0,027	„ „ „ „ wird bei der Prüfung auf Weinsäure dunkelgelb. E. s. d A. d. D. A. IV.
6	—	wässerige Lösung schwach opalisierend, Spuren von Schwermetallen. deutliche Reaktion auf H_2SO_4, wird bei der Prüfung auf Weinsäure tiefgelb.
7	0,038	zieml. starke Reaktion auf H_2SO_4, schwache Reakt. auf Schwermetalle und Weinsäure.
8	0,023	starke Reaktion auf H_2SO_4, deutl. R. auf Schwermetalle und starke Reaktion auf Weinsäure.
9	0,040	deutl. Reakt. auf H_2SO_4, Spuren von Schwermetallen und Calciumverbindungen.

Acidum hydrochloricum purum.

(Reine Salzsäure.)

Untersuchungsmethode: nach dem D. A. IV.

Untersuchungsresultate:

Nr.	Spez. Gew. bei 15⁰ C.	Bemerkungen	
1	1,1260	E. d. A. d. D. A. IV.	
2	1,1232	„	
3	1,1240	„	
4	1,1240	„	
5	1,1250	„	
6	1,1230	„	24,68 $\%$ titr.
7	1,1235	„	24,74 $\%$ „

Acidum sulfuricum purum.

(Reine Schwefelsäure.)

Untersuchungsmethode: nach dem D. A. IV.

Untersuchungsresultate:

Nr.	Spez. Gew. bei 15⁰ C.	Bemerkungen
1	1,8430	E. d. A. d. D. A. IV.
2	1,8437	„
3	1,8430	„
4	1,8437	„
5	1,8420	„
6	1,8393	„
7	1,8430	„
8	1,8434	„
9	1,8400	„

Mit Ausnahme zweier Proben war das spez. Gew. immer höher als das vom D. A. IV. angegebene.

Acidum tannicum.

(Gerbsäure.)

Untersuchungsmethode: nach dem D. A. IV.

Untersuchungsresultate:

Nr.	% Verlust bei 100° C.	% Asche	Bemerkungen
1	11,21	0,00	E. d. A. d. D. A. IV.
2	10,81	2,32	In Wasser nicht vollständig löslich. E. sonst den A. d. D. A. IV.

Im Laufe des verflossenen Jahres kamen nur 2 Posten Gerbsäure zur Untersuchung. Die unter Nr. 2 verzeichnete war eine technische Sorte.

Acidum tartaricum.

(Weinsäure.)

Untersuchungsmethode: nach dem D. A. IV.

Untersuchungsresultate:

Nr.	% Glührückstand	Bemerkungen
1	0,00	
2	0,00	
3	unwägbare Spuren	Sämtliche Proben entsprachen den Anforderungen des D. A. IV.
4	„	
5	0,00	

Aether.

(Aether.)

Untersuchungsmethode: nach dem D. A. IV.

Untersuchungsresultate:

Nr.	Spez. Gew. bei 15⁰ C	Prüfung nach dem D. A. IV.	Bemerkungen
1	0,7190	E. d. A. d. D. A. IV.	
2	0,7200	,,	
3	0,7200	,,	
4	0,7200	,,	
5	0,7200	,,	
1	0,7260	E. sonst d. A .d. D. A. IV.	Mit KJ schwache Gelbfärbung.
2	0,7260	,,	Mit KJ schwache Gelbfärbung,
3	0,7235	E. d. A. d. D. A. IV.	
4	0,7240	E. sonst d. A. d. D. A. IV.	Filtrierpapier damit getränkt, zeigt unangenehmen Geruch.
5	0,7240	,,	
6	0,7243	,,	Mit KJ sehr schwache Gelbfärbung.
7	0,7240	,,	

(für analyt. Zwecke, Nr. 1–5)

Aether Petrolei.

(Petroläther.)

Untersuchungsmethode: Best. d. spez. Gewichtes ev. Siede-
punktes. Prüfung auf fremde Kohlenwasserstoffe nach
E. Schmidt, org. Chemie, IV. Aufl., S. 101 und 102.

Untersuchungsresultate:

Nr.	Spez. Gew. bei 15° C.	Bemerkungen
1	0,6600	Mit konz. H_2SO_4 schwache Gelbfärbung.
2	0,6560	,,
3	0,6600	,,
4	0,6560	,,
5	0,6600	,,
6	0,6590	,,
7	0,6600	,,
8	0,6590	,,
9	0,6600	,,
10	0,6570	,,
11	0,6600	,,
12	0,6560	,,
13	0,6600	,,
14	0,6570	,,
15	0,6600	,,
16	0,6550	,,
17	0,6590	,,
18	0,6620	,,
19	0,6610	,,
20	0,6600	,,
21	0,6610	,,
22	0,6610	,,
23	0,6600	,,
24	0,6610	,,
25	0,6590	,,
26	0,6590	—
27	0,6587	Mit konz. H_2SO_4 schwache Gelbfärbung.
28	0,6590	,,
29	0,6587	,,
30	0,6597	,,
31	0,6582	—
32	0,6597	—
33	0,6590	Spuren Benzol.

Albumen Ovi siccum.

(Hühnereiweiss.)

Untersuchungsmethode: nach K. Dieterich, Helfenberger
Annalen 1897, S. 306 und 307, und ausserdem nach
dem D. A. IV.

Zur Bestimmung der unlöslichen Anteile im *Albumen Ovi
siccum* empfehlen wir das in den Annalen 1901, S. 26 angegebene Verfahren.

Untersuchungsresultate:

Nr.	% Verlust bei 100° C.	% Asche	% in Wasser unlöslicher Rückstand	Bemerkungen
1	19,10	4,75	5,25	127,00 Jodabsorptionszahl, fibrinfrei.
2	18,57	4,13	4,50	„ „ „
3	17,37	3,65	5,08	„ „ „
4	17,00	4,48	5,96	„ „ „
5	14,17	4,17	4,37	131,10 „ „
6	18,23	4,32	5,00	fibrinfrei.
7	15,01	4,11	4,85	nicht vollst. fibrinfrei.
8	14,90	4,10	4,90	fibrinfrei.

Beanstandet wurden:

Nr.	% Verlust bei 100° C.	% Asche	% in Wasser unlöslicher Rückstand	Bemerkungen
1	18,88	3,89	7,42	127,00 Jodabsorptionszahl, fibrinfrei.
2	16,02	4,72	6,40	nicht vollst. „

Alcohol absolutus und Spiritus.

(Absoluter Alkohol und Weingeist.)

Untersuchungsmethode: nach dem D. A. IV.

Untersuchungsresultate:

Nr.	Spez. Gew. bei 15" C.	Volumen-Prozente $C_2H_5(OH)$	Gewichts-Prozente $C_2H_5(OH)$	Bemerkungen
1	0,7980	99,26	98,79	E. d. A. d. D. A. IV.
2	0,7974	99,38	98,98	„ Mit AgNO₃ schwache Gelbfärbung.
3	0,7990	99,05	98,46	„
1	0,8093	96,78	94,98	E. d. A. d. D. A. IV.
2	0,8094	96,75	94,98	„
3	0,8093	96,78	94,98	„
4	0,8094	96,75	94,94	„
5	0,8094	96,75	94,94	„
6	0,8099	96,63	94,74	„
7	0,8110	94,38	96,37	„
8	0,8097	96,68	94,83	E. s. d. A. d. D. A. IV. schw. sauer.
9	0,8110	94,38	96,37	„ Mit Ag No₃ schwache Gelbfärbung.
10	0,8104	96,51	94,59	„ „
11	0,8110	94,38	96,37	„ „
12	0,8105	96,49	94,55	„ „
13	0,8100	96,61	94,73	„ „
14	0,8120	94,03	96,13	„ „
15	0,8100	96,61	94,73	„ „
16	0,8122	96,08	93,96	„ „

(Die ersten drei Zeilen: Alcohol absolutus)

Zur Bestimmung des Alkoholgehalts benützen wir die Alkohol-Tafel nach C. Windisch (Kommentar zum Arzneibuch für das Deutsche Reich von Fischer-Hartwig, Ergänzungsband S. 266).

Amylum Tritici.

(Weizenstärke.)

Untersuchungsmethode: nach dem D. A. IV.

Untersuchungsresultate:

Nr.	% Asche	Bemerkungen
1	0,18	Mikroskopisches Bild normal. E. d. A. d. D. A. IV.
2	0,28	„ „
3	—	„ „
4	0,16	„ „
5	0,60	„ „

Balsame, Harze und Gummiharze.

Zur Analyse der Harzkörper.

Wie schon in den Vorjahren, so hat auch in diesem Berichtsjahr die rein chemische Bearbeitung der Harzkörper wieder an Umfang zugenommen. Sowohl pharmaceutisch, als auch technisch wichtige Harze, so z. B. Terpentine und Kopale, sind einer eingehenden Untersuchung unterworfen worden und wieder neue, zum Teil mit bereits früher isolierten Körpern in Beziehung stehende Verbindungen aufgefunden worden. Zweifellos sind diese rein chemischen Ergebnisse für die Chemie der Harze von hohem Wert, so dass wir einer Zukunft entgegengehen, in der wir Genaueres und Bestimmteres über die einzelnen Bestandteile der Harze werden sagen können. Wir dürfen uns allerdings hierbei nicht verhehlen, dass diese Untersuchungen immer nur Einzel-Untersuchungen von einzelnen Individuen darstellen, die jeweilig dem Handel entnommen und in dieser Form der Untersuchung zu Grunde gelegt worden sind. Diese Einzel-Untersuchungen sind aber schon in Rücksicht auf die so stark wechselnde Beschaffenheit der Harze, weiterhin auf die grossen Veränderungen, welche mit diesen Körpern vom Moment ihrer Gewinnung an vor sich gehen, nicht geeignet, ein Bild von der Beschaffenheit des betreffenden Harzes im allgemeinen, geschweige denn von der Beschaffenheit der Handelssorten und ihren Schwankungen zu geben. Wie schon früher erwähnt, ist daher die genaue prozentuale Angabe der Bestandteile des betreffenden Harzes nur mit Vorsicht aufzunehmen insofern, als vielleicht ein Harz desselben Namens und derselben Herkunft, aber zu einer anderen Zeit gewonnen, vollkommen entgegengesetzte Verhältnisse ergeben kann. Auch sind wir

ja bis auf wenige Ausnahmen noch völlig im unklaren, welches die technisch oder medizinisch wertvollen Körper sind, auf welche wir besonders bei der analytischen Untersuchung Wert zu legen haben und deren quantitative Isolierung anzustreben ist.

Endlich ist noch darauf hinzuweisen, dass sehr viele unserer Handelsprodukte durchaus nicht einwandsfrei sind und dass nur unter Hinzuziehung echter Proben, wie sie vom Stammbaum direkt entnommen worden sind, ein einigermassen bestimmter Anhalt gewonnen werden kann. Wir verkennen hierbei nicht die Schwierigkeit, welche darin liegt, derartige unverfälschte Proben zu erhalten, da diese Forderung sehr oft in das Bereich der Unmöglichkeit fällt. Wir kommen auf diesem Wege der Überlegung zu jenem Missstand, wie er sich im Gegensatz zu den Fortschritten der reinen Chemie der Harze und dem Gebiete ihrer Wertbestimmung geltend gemacht hat. Leider muss nämlich zugegeben werden, dass die Fortschritte nach dieser letzteren Richtung hin verhältnismässig nur recht geringe genannt werden können. Es ist dies in erster Linie darauf zurückzuführen, dass es eben für den Einzel-Chemiker sehr schwer ist, eine grosse Anzahl Handelsprodukte verschiedener Provenienz oder gar vom Stammbaum direkt entnommener echter Proben zu erhalten und dass endlich auch die Fabriken, welche Harze technisch verwenden oder die Apotheken, welche die Harze pharmaceutisch verarbeiten, dieselben meist auf Grund anderer, als rein analytischer Merkmale einkaufen. Gerade in Bezug auf die Kopale, welche bekanntlich technisch ein äusserst wertvolles Material darstellen, ist erst wieder von Lippert auf die Notwendigkeit ihrer analytischen Wertbestimmung hingewiesen worden, wenngleich hier Anhaltspunkte in Form zuverlässiger Zahlen noch so gut wie ganz fehlen. Es haben sich aber bis jetzt wenige Chemiker gefunden, welche der Untersuchung dieser Harzprodukte gerade nach der Richtung ihrer analytischen Wertbestimmung intensiv näher getreten wären. Die dankenswerten Einzel-Untersuchungen sind eben noch nicht allein im stande, uns ein Bild von den Anforderungen zu geben, die wir an eine gute Ware zu stellen berechtigt sind.

Erst aus einem grossen Gesamtmaterial mehrerer Analytiker kann man ein ungefähres Bild gewinnen. Das Zahlenmaterial muss aber gerade bei den Harzkörpern noch ein weit grösseres sein, weil hier die Erfahrung eine grosse Rolle spielt, welche ganz allein im stande ist, einen ungefähren Durchschnitt von den Handelsprodukten zu geben. Wir möchten daher die Hoffnung aussprechen, dass in dem nächsten Berichtsjahr gerade der Wertbestimmung der Harzkörper von seiten der Chemiker und Apotheker mehr Interesse entgegengebracht wird und ebenso eine systematische Bearbeitung dieser Rohstoffe stattfindet, wie sie seit Jahren im Berner chemischen Institut in Bezug auf die reine Chemie und bei uns in Bezug auf die Wertbestimmung der Harze durchgeführt worden ist.

Wir selbst haben uns im Laufe der Jahre besonders mit der Untersuchung von Kopalen beschäftigt, wir müssen aber schon heute zugeben, dass auch hier die analytische Wertbestimmung sehr von äusseren Zufälligkeiten abhängig ist, dass auch hier verhältnismässig sehr wenig Vergleichsmaterial in der Literatur vorliegt und erst noch eine grössere Erfahrung gesammelt werden muss, ehe man zu einem einigermassen brauchbaren Resultat gelangen kann. Wir behalten uns also die analytische Bearbeitung der Kopale, besonders in geschmolzenem Zustand, wie sie für die Lackfabrikation etc. Verwendung finden, vor, da die Literatur nach dieser Richtung hin äusserst dürftig ist. Kolophonium, das Harz der Harze, ist mehrfach Gegenstand der Untersuchung in rein chemischer und analytischer Beziehung gewesen. Wir erwähnen die eingehenden Untersuchungen von Fahrion, welcher besondere Grundsätze für die Beurteilung von Kolophonium aufgestellt hat. Wir möchten hierzu bemerken, dass im allgemeinen für die Wertbestimmung der Harze, so auch für Kolophonium die Anforderungen, welche man stellt, immer bis zu einem gewissen Grad wechselnde sein müssen, je nach der Richtung, in der die Harze Verwendung finden sollen, d. h. entweder für technische, pharmaceutische, medizinische oder andere Zwecke; damit wird eine verallgemeinernde Wertbestimmung und Anforderung bis zu einem gewissen Grade beschränkt.

Das was über die einzelnen untersuchten Balsame, Harze und Gummiharze zu bemerken ist, ebenso das, was zum Vergleich und zur Kritik in der Literatur zu Bemerkungen Veranlassung gibt, soll unter den einzelnen Harzkörpern selbst besprochen werden.

Wir möchten diesen allgemeinen Teil nicht schliessen, ohne besonders darauf hinzuweisen, dass zwar die technische Verwendung der Harzkörper immer im Zunehmen begriffen ist, dass aber die pharmaceutische und damit die medizinische Verarbeitung scheinbar eher im Rückgang begriffen ist oder aber wenigstens in dem Konsum der einzelnen Produkte eine Verschiebung stattgefunden hat.

A. Balsame.

Balsamum Copaïvae Maracaïbo.

(Maracaïbo-Copaïvabalsam.)

Untersuchungsmethode: nach K. Dieterich, Analyse der Harze S. 63 und dem D. A. IV.

Untersuchungsresultate:

Im Jahre 1902 kam nur eine Probe eines anscheinend verfälschten Maracaïbo-Copaïvabalsams zur Untersuchung.

Die erhaltenen Werte waren folgende:

$$\begin{array}{ll}
\text{Spez. Gew. bei } 15^0 \text{ C.} & 0{,}994 \\
\text{S.-Z. d.} \ldots\ldots & 89{,}80\text{—}90{,}10 \\
\text{E.-Z.} \ldots\ldots & 13{,}40\text{—}17{,}20 \\
\text{V.-.Z. h.} \ldots\ldots & 103{,}20\text{—}107{,}30
\end{array}$$

Im Vergleich mit den sonst gefundenen Zahlen sind diese Werte als anormal zu bezeichnen.

Balsamum peruvianum.

(Perubalsam.)

Untersuchungsmethode: nach K. Dieterich, Analyse der Harze, S. 80, 81 und dem D. A. IV.

Untersuchungsresultate:

Auch von Perubalsam kam im Berichtsjahre nur eine Probe zur Untersuchung:

Spez. Gew. bei 15⁰ C. 1,143

S.-Z. d. 84,00

E.-Z. 164,00

V.-Z. k. 248,00

Aromat. Bestandteile (Cinnameïn) 61,60 %

V.-Z. des Cinnameïns 236,30

In den qualitativen Proben entsprach der Balsam nicht vollständig dem D. A. IV., indem beim Verreiben mit Schwefelsäure keine zähe, sondern eine teilweise flüssige Masse entstand.

Bei der Probe nach Flückiger, Verreiben mit Ätzkalk, resultierte eine pulvrige Masse, anstatt einer zähen, höchstens krümeligen Masse. Wir legen bekanntlich auf diese qualitativen Proben weniger Wert.

B. Harze.

Benzoë Siam und -Sumatra.

(Siam- und Sumatrabenzoë.)

Untersuchungsmethode: nach K. Dieterich, Analyse der Harze, S. 103 und 106 und dem D. A. IV.

Untersuchungsresultate:

Im Vorjahre wurde nur ein Muster Siambenzoë geprüft, welches bei zwei Analysen folgende Werte ergab:

S.-Z. d.	126,20—126,20
E.-Z.	95,00— 96,40
V.-Z. h.	221,20—222,60
$\%$ Asche	0,27
$\%$ in Weingeist unlösliche Anteile	3,60

Colophonium.

(Kolophon.)

Untersuchungsmethode: nach dem D. A. IV. Die Methode des letzteren ist die von K. Dieterich, Analyse der Harze, S. 113 und die Bestimmung des in Petroläther unlöslichen Rückstandes.

Untersuchungsresultate:

Nr.	Spez. Gew. b. 15^0 C.	S. Z. ind.	% in Petroläther unlöslicher Rückstand	% Asche	Bemerkungen
A) citrinum					
1	1,0730	170,24 170,80	0,30	0,00	E. d. A. d. D. A. IV. bis auf die Löslichkeit in Na OH.
2	1,0762	175,50 175,30	—	„	„
3	1,0740	176,40	—	„	„
B) rubrum					
1	1,0758	173,60	—	0,00	E. d. A. d. D. A. IV. bis auf die Löslichkeit in Na OH.
2	1,0760	176,40	—	„	„
3	1,0780	168,00	—	„	„
4	1,0746	177,80	—	„	„
5	1,0746	179,20	—	„	„
6	1,0780	179,20	—	„	„
7	1,0780	176,40	—	„	„
8	1,0770	168,00	2,40	„	„
9	1,0780	168,00	3,60	„	„

Beanstandet als **ungenügend** wurde folgendes Muster:

Nr.	Spez. Gew. b. 15^0 C.	S. Z. ind.	% in Petroläther unlöslicher Rückstand	% Asche	Bemerkungen
B) rubrum					
1	1,0780	168,00	6,93	0,00	E. d. A. d. D. A. IV. bis auf die Löslichkeit in Na OH.

Dammar.

(Dammarharz.)

Untersuchungsmethode: nach K. Dieterich, Analyse der Harze, Seite 127 und dem D. A. IV.

Untersuchungsresultate:

Nr.	% Asche	S. Z. ind.	Bemerkungen
1	0,00	23,80	Erweicht bei 100º C. E. s. d. A. d. D. A. IV.
2	,,	28,84	.. ,,
3	,,	28,70	,, ,,
4	,,	29,40	,, ,,
5	,,	28,70	,, ,,
6	,,	29,40	,, ,,

Als Beitrag zur Analyse von Dammar, besonders colonialen Dammarsorten sei auf die Arbeit von Fränkel und Busse verwiesen (vergl. Chem. Revue 1902, S. 260).

Über die qualitative und quantitative Löslichkeit von Dammar.

Wie wir schon in den Annalen 1900 ausführten, ist über die Löslichkeit von Dammar sowohl in qualitativer, wie quantitativer Beziehung in der Literatur keine vollständige Übereinstimmung zu konstatieren. Es mag dies in erster Linie darauf zurückzuführen sein, dass die Resultate anders ausfallen, je nach der Sorte und je nach dem Verfahren, welches man zur Bestimmung der Löslichkeit angewandt hat. Wir haben uns mit der Frage der Löslichkeit der Harzkörper im allgemeinen seit Jahren eingehend beschäftigt und sind zu einem Verfahren gelangt, welches nicht nur äusserst einfach zu handhaben ist und derartige Bestimmungen im grossen Massstabe auszuführen gestattet, sondern welches auch eine wirkliche quantitative Erschöpfung der auszuziehenden Droge ermöglicht. Wir bemerken hierzu, dass gerade feingepulverte Harze, wenn sie im gewöhnlichen Soxhletschen Extraktionsapparat ausgezogen werden, leicht zusammenbacken und dem Extrahieren einen gewissen Widerstand entgegensetzen. Auch kann man immer nur im höchsten Falle 5—6 Bestimmungen nebeneinander ausführen, da die Extraktion im Soxhlet zeitraubend und der Soxhlet-Apparat selbst zu kostspielig ist, um nebeneinander eine noch grössere Anzahl von Bestimmungen zu gestatten. Wir sind besonders der diesbezüglichen Untersuchung über Löslichkeit von Dammar, weiterhin Olibanum (siehe dieses) und einer grossen Menge von Kopalen näher getreten und hoffen besonders auch über letztere in Bezug auf die Löslichkeit in einem der nächsten Jahrgänge der Annalen berichten zu können, sobald die diesbezüglichen Versuche abgeschlossen sind.

Das neue sogenannte „Osmose-Verfahren" zur Bestimmung der Löslichkeit von Harzen nach K. Dieterich ist nun folgendes:

Die betreffenden Harze werden in kleinen Mengen, wie bisher, in zerriebenem Zustande (1—2 g) abgewogen und in eine gewogene, aus gewöhnlichem Filtrierpapier hergestellte Patrone oder in ein gefaltetes kleines Filter hineingebracht, und um das Zusammenbacken auf alle Fälle zu vermeiden, event. etwas feines Glaspulver oder gereinigter Sand hinzugefügt und das Ganze in ein Gazesäckchen eingebunden. Das so beschickte, zum Ausziehen fertige Harz wird mit dem Inhalt der Patrone oder des Filters und der Gaze in den Trocken-Apparat gebracht und nach einigen Stunden nochmals genau gewogen. Diese fertigen Säckchen hängt man nun in gewöhnliche Weithalsflaschen oder Bechergläser ein und zwar so, dass das Säckchen zur Hälfte in die Extraktions-Flüssigkeit eintaucht, das auszuziehende Harz also vollkommen überdeckt ist, unter der Vorsichtsmassregel, dass die Flüssigkeit nicht von oben in das Filter und Säckchen einfliessen kann. Wenn man sich eine Reihe derartiger Fläschchen aufstellt und die Säckchen an einer darüber gelegten Stange oder einem Glasstab aufhängt, so können auf diese Weise 20 oder mehr Extraktionen auf einmal ausgeführt werden und zwar ohne Anwendung

von Wärme, bei gewöhnlicher Zimmertemperatur und unter
Benutzung nicht nur der Tages-, sondern auch der Nacht-
stunden. Da auf diese Weise ein Austausch der Flüssigkeiten
von innen nach aussen stattfindet, so dürfte der Name
„Osmose-Verfahren" gewiss für diese Art der Löslichkeitsbestimmung am Platze sein*). Natürlich lässt sich dieses Osmose-
Verfahren am besten dort anwenden, wo es sich um spezifisch
leichte Flüssigkeiten handelt, welche einen möglichst schnellen
Austausch von innen nach aussen, also eine fortwährende
Strömung veranlassen. Der Verbrauch an Extraktionsmitteln
ist natürlich bei diesem Verfahren für die ersten Auszüge
grösser, da immerhin etwas von dem Extraktionsmittel verdunstet, was bei dem Soxhlet nicht so der Fall ist. Wenn
man aber die Flüssigkeiten sammelt, und dann den Aether,
Petroläther, Benzin, Chloroform oder was man sonst verwandt
hat, abzieht, so verbraucht man im Prinzip weniger Extraktionsmittel, als im Soxhlet. Ein weiterer Vorteil ist der, dass man
gleichmässig auch mit Mischungen von Flüssigkeiten, welche
ein verschiedenes spezifisches Gewicht haben, ausziehen
kann, was beim Soxhlet unmöglich ist, da bei diesem die
spezifisch leichteste am schnellsten verdunstet, also niemals
eine gleichmässige Mischung destilliert werden kann. Der
grösste Vorteil bei diesem Verfahren liegt aber darin, dass
eine entschieden noch grössere Extraktion stattfindet, als bei
anderen Verfahren, dass man eine ganze Reihe bequem nebeneinander ausführen kann ohne Anwendung des Wasserbades
und unter Ausnutzung der Nachtzeit und dass man ohne auf
die teuren Soxhlet-Apparate angewiesen zu sein, die hierzu
nötigen Apparate selbst zusammenstellen kann. Die Haupt-
sache ist nun die, dass bei diesem Verfahren eigentlich nicht
der lösliche, sondern der unlösliche Bestandteil bestimmt
wird; der lösliche Anteil wird dann indirekt berechnet. Wir
haben schon früher in der K. Dieterich'schen Analyse der
Harze besonders darauf hingewiesen, dass es richtiger ist, die

---

*) Trotzdem man unter Osmose unter Verwendung des Osmosepapiers
meist eine Trennung von krystallinischen und colloiden Körpern im engeren
Sinne versteht, dürfte der Name „Osmose" hier auch bei Verwendung von
Filtrierpapier und Gaze, also durchlässigen Stoffen in Rücksicht auf die statt-
findende „Strömung" in weiterem Sinne zulässig sein.

unlöslichen Anteile zu bestimmen und die löslichen zu berechnen, weil damit die Fehlerquellen, welche durch die flüchtigen Anteile hervorgerufen sind, nach Möglichkeit vermieden werden. Wenn man die fertigen Säckchen nun eingehangen hat, so sieht man darauf, dass der Rand des Glases möglichst mit einem Pappdeckel bedeckt ist, durch welche der Bindfaden als Träger des Säckchens hindurch geht, um einem Verdunsten möglichst vorzubeugen. Nach zwei- bis dreimaligem Erneuern des Lösungsmittels in 1--2 Tagen wird mit der Spritzflasche das Säckchen auf das genaueste abgespült und auch von oben her nochmals der Inhalt nachgewaschen. Die vom Säckchen ablaufenden Tropfen dürfen auf dem Uhrglas verdunstet keinen Rückstand mehr hinterlassen. Das Säckchen wird dann erst in den Exsikkator gebracht und möglichst unter Abschluss der Luft und zu grosser Wärme bei 50—60° C. getrocknet. Es tritt sonst bei einzelnen Harzen event. der Fall ein, dass durch die Oxydation das Gewicht wieder steigt. Man nimmt dann den niedrigsten Stand des Gewichtes als den massgebenden an und berechnet aus diesem den unlöslichen Rückstand. Bei den einzelnen Harzen sind auch Vergleichsversuche ausgeführt worden, insofern, als dasselbe Harz im Soxhlet einerseits und durch das Osmose-Verfahren andererseits extrahiert wurde. Es ergab sich gewöhnlich zu gunsten des Osmose-Verfahrens ein geringerer Prozentsatz an unlöslichem Rückstand und ein höherer an löslichen Anteilen, der bei dieser Methode entschieden auf eine noch bessere Erschöpfung der Droge hindeutet. In manchen Fällen wurde auch eine fast vollkommene Übereinstimmung der beiden Verfahren erzielt. Die erhaltenen Lösungen beim Osmose-Verfahren werden allmählich zum Teil durch die Verdunstung, zum Teil durch andere Vorgänge milchig trüb und zeigen Ausscheidungen. Es mag dies vielleicht auf gewisse Oxydationsvorgänge zurückzuführen sein, welche entschieden auch bei der vollständigen Erschöpfung des Harzes bei diesem Verfahren in günstigem Sinne auf die Löslichkeit einwirken.

In folgenden Tabellen sind nun die Löslichkeitsverhältnisse bei Dammar und zwar von ungeschmolzenem naturellen Dammar und von geschmolzenem Dammar zusammengestellt.

1. Dammar ungeschmolzen.

Löslichkeit durch das Osmoseverfahren nach
K. Dieterich quantitativ bestimmt:

Es blieben % unlösliche Anteile:			Bemerkungen
Benzol		1 00	
Benzin		2,39	Lösung beim Stehen milchig getrübt.
Petroläther		8,71	
Petroleum		25,28	,,
Terpentinöl		1,57	,,
Spiritus 96%		16,47	
Aether		2,00	,,
Chloroform		0,00	
Spiritus 90%		20,88	,,
Aceton		14,29	,,
Amylalkohol		29,38	
Methylalkohol		21,20	,,
Schwefelkohlenstoff		0,00	
Benzin Terpentinöl	ana p.	1,20	,,
Petroläther Spiritus 96%	ana p.	4,01	,,
Spiritus 96% Aether	ana p.	7,79	,,
Chloroform Aether	ana p.	0,00	,,
Spiritus 90% Aether Benzin	ana p.	2,06	,,

Eine zweite Probe wurde im Soxhlet mit Petroläther
extrahiert und 20,03% unlösliche Anteile gefunden. Es scheint
somit, als ob — wenn man von den Zufälligkeiten in der verschiedenen Löslichkeit verschiedener Sorten absieht — mit
dem Osmoseverfahren eine vollständigere Erschöpfung, als
im Soxhlet erzielt wird.

2. Dammar geschmolzen.

Löslichkeit durch das Osmoseverfahren nach K. Dieterich quantitativ bestimmt:

Das verwendete Produkt zeigte beim Schmelzen 4% Verlust.

Es blieben % unlösliche Anteile:		Bemerkungen
Benzol	0,00	
Benzin	0,00	Flockige Ausscheid. in der Lösung.
Petroläther	13,46	
Petroleum	27,36	„
Terpentinöl	0,00	„
Spiritus 96%	17,56	
Aether	0,00	Lösung milchig getrübt, sehr leicht löslich.
Chloroform	0,00	sehr leicht löslich.
Spiritus 90%	21,77	„
Aceton	11,45	Lösung milchig getrübt.
Amylalkohol	9,01	
Methylalkohol	21,39	Flockige Ausscheid. in der Lösung.
Schwefelkohlenstoff	0,00	sehr leicht löslich.
Benzin / Terpentinöl } ana p.	0,00	Flockige Ausscheid. in der Lösung
Petroläther / Spiritus 96% } ana p.	1,11	sehr leicht löslich.
Spiritus 96% / Aether } ana p.	6,76	„
Aether / Chloroform } ana p.	0,00	„
Spiritus / Aether / Benzin } ana p.	2,76	„

Derselbe Versuch mit demselben Dammar im Soxhlet wiederholt ergab in Schwefelkohlenstoff 0,0% unlösliche Anteile. Die Löslichkeit des Dammar ist mit dem Schmelzen in den meisten Lösungsmitteln eine fast vollständige geworden. Die Ausscheidung und milchige Trübung der Lösung (einesteils durch die Verdunstung, andernteils durch die

grössere Löslichkeit veranlasst) tritt beim geschmolzenen
Dammar stärker hervor.

Was die Löslichkeit von Dammar in Äther betrifft, so ist
es unter Bezugnahme auf unseren in früherer Zeit gemachten
Hinweis über die Widersprüche in der Literatur und den Angaben des Arzneibuches gerade bei diesem Harz so recht vor
Augen tretend, wie die Art des Lösungsverfahrens von Einfluss auf die Resultate ist. Wir selbst haben hierüber ein-
gehende Versuche angestellt: Übergiesst man einfach die
Dammarkörner mit Äther, so tritt auch bei grossem Über-
schuss von Äther und nach langer Zeit trotz Schüttelns und
Erwärmens keine vollständige Lösung ein. Weit mehr geht
in Lösung, wenn man fein zerriebenes, mit Sand vermischtes
Harz anwendet. Auch durch Extraktion im Soxhlet, ja selbst
mit dem Osmoseverfahren erhält man nicht immer eine vollständige Lösung, wenngleich gerade in letzterem Falle der
Rückstand sehr gering ist. Die verschiedenen Angaben
der Literatur über die Löslichkeitsverhältnisse nicht
nur von Dammar, sondern auch von anderen Harzen
sind nicht nur auf die verschiedene schwankende Beschaffenheit der Materialien selbst, sondern auch auf
die verschiedene Art der Löslichkeitsbestimmung
zurückzuführen!

Jedenfalls ist Dammar in ungeschmolzenem Zustand in
Äther nicht allgemein „völlig löslich", sondern meist nur
„grösstenteils löslich". Diese Angabe dürfte auch als allein
richtig für das D. A. IV. in Bezug auf die Ätherlöslichkeit
zu berücksichtigen sein.

Elemi.

(Elemi.)

Untersuchungsmethode: nach K. Dieterich, Analyse der Harze, S. 138.

Untersuchungsresultate:

Nr.	% Verlust bei 100° C.	% Asche	S. Z. d.	E. Z.	V. Z. h
1	—	0,00	21,52	3,12	24,64
2	25,00	.	15,85	3,19	19,04

Das Harz war Elemi „weich" und entsprach den Anforderungen die wir an dasselbe stellen. Betreffs der Chemie der verschiedenen Elemisorten verweisen wir auf die Abhandlung von Cremer und Tschirch im Archiv der Pharmacie 1902, Heft 4.

Resina Jalapae.

(Jalapenharz.)

Untersuchungsmethode: nach K. Dieterich, Analyse der Harze, S. 154 und dem D. A. IV.

Untersuchungsresultate:

Nr.	S. Z. d.	E. Z.	V. Z. h.	% Verlust b. 100° C.	% Asche	Bemerkungen
1	11,20	134,40	145,60	—	0,00	Dem D. A. IV. nicht vollst. entsprechend.
2	—	—	—	—	„	E. d. A. d. D. A. IV.
3	11,20	134,40	145,60	—	„	12,30 % Chloroform löslich.

Resina Pini.

(Fichtenharz.)

Untersuchungsmethode: nach K. Dieterich, Analyse der Harze, S. 170.

Untersuchungsresultate:

Nr.	S Z. d.	E. Z.	V. Z. h.	% Verlust bei 100.⁰ C.	% Asche
1	148,12	17,58	165,70	14,65	0,00
2	147,84	11,48	159,32	13,69	„
3	154,28	15,68	169,96	14,08	„
4	154,28	13,72	168,00	14,50	„
5	155,72	17,88	173,60	8,50	„
6	149,24	9,96	159,20	15,00	„
7	151,76	13,44	165,20	8,50	0,10

Resina Thapsiae.

(Thapsiaharz.)

Untersuchungsmethode: nach K. Dieterich, Analyse der Harze, S. 203—207.

Untersuchungsresultate:

Im Vorjahre kam Thapsiaharz nur einmal zur Prüfung; dasselbe war französischer Herkunft und ergab folgende Werte:

    8,30% Verlust bei 100⁰ C.

    0,42% Asche.

    38,10% in Petroläther löslicher Anteil.

189,00   V.-Z. h. des in Petroläther löslichen Anteils.

    61,90% im Alkohol löslicher Anteil.

430,00   V.-Z. h. des in Alkohol löslichen Anteils.

319,60   G.-V.-Z.

Terebinthina veneta.

(Venetianischer oder Lärchenterpentin.)

Untersuchungsmethode: nach K. Dieterich, Analyse der Harze, S. 213.

Untersuchungsresultate:

Nr.	S. Z. d.	E. Z.	V. Z. h.
1	67,20	48,40	115,60
2	68,03	49,77	117,80
3	67,48	49,42	116,90

C. Gummiharze.

Ammoniacum.

(Ammoniakgummi.)

Untersuchungsmethode: nach K. Dieterich, Analyse der Harze, S. 224 und dem D. A. IV.

Untersuchungsresultate:

Nr.	S. Z. ind.	H. Z.	G. V. Z.	G. Z.	% Verlust bei 100° C.	% Asche	Bemerkungen
1	109,20	154,00	165,20	11,20	5,55	10,73	E. s. d. D. d. D. A. IV.
2	95,20	142,80	145,60	2,80	7,10	7,23	„
3	80,00	140,80	142,80	2,00	6,10	7,38	„
4	78,40	137,20	142,80	5,60	10,25	7,60	„

Der Aschengehalt war durchgängig höher als das D. A. IV. zulässt.

Olibanum.

(Weihrauch.)

Wie schon unter Dammar gesagt, haben wir den quantitativen und qualitativen Löslichkeitsbestimmungen besondere Aufmerksamkeit zugewendet.

Die qualitativen wie die quantitativen Bestimmungen — letztere nach dem K. Dieterich'schen „Osmoseverfahren" mögen in folgenden Tabellen Platz finden:

1. Olibanum ungeschmolzen,

Qualitative Löslichkeit.

Lösungsmittel	Bemerkungen
Spiritus 96%	teilweise löslich
Spiritus 90%	,,
Aceton	,,
Aether	,,
Petroläther	,,
Chloroform	,,
Chloralhydratlösung 50%	zum grössten Teil löslich
Epichlorhydrin	teilweise löslich
Dichlorhydrin	,,
Benzol	,,
Benzin	,,
Petroleum	zum grösten Teil löslich
Terpentinöl	teilweise löslich
Schwefelkohlenstoff	zum grössten Teil **unlöslich**
Methylalkohol	teilweise löslich
Amylalkohol	,,
Spiritus 96% / Aether } ana p.	teilweise löslich
Spiritus 90% / Petroläther } ana p.	,,
Aether / Chloroform } ana p.	,,
Benzin / Terpentinöl } ana p.	,,
Spiritus 90% / Aether / Benzin } ana p.	,,

2. Olibanum geschmolzen.

Qualitative Löslichkeit.

Dieselbe wurde mit allen obigen Lösungsmitteln ermittelt und im Allgemeinen dieselben Verhältnisse gefunden. Die Löslichkeit wird durch den Schmelzprozess scheinbar weniger beeinflusst, wie bei Dammar (s. d.).

3. Olibanum ungeschmolzen.

Quantitative Löslichkeit nach dem K. Dieterich'schen „Osmoseverfahren" bestimmt:

Lösungsmittel	% unlösl. Anteile	Lösungsmittel	% unlösl. Anteile
Benzol	22,52	Schwefelkohlenstoff	25,45
Benzin	28,82	Benzin) ana p.	
Petroläther	32,54	Terpentinöl) ana p.	26,22
Petroleum	31,79	Spiritus 96%) ana p.	
Terpentinöl	22,82	Petroläther) ana p.	22,57
Spiritus 96%	21,81	Spiritus 96%) ana p.	
Aether	23,72	Aether) ana p.	24,91
Chloroform	22,28	Aether) ana p.	
Spiritus 90%	24,51	Chloroform) ana p.	24,39
Aether	22,87	Spiritus 90%)	
Amylalkohol	23,73	Aether) ana p.	23,72
Methylalkohol	24,25	Benzin)	

Die Löslichkeit in Äther wurde sowohl mit Osmoseverfahren wie im Soxhlet festgestellt und gefunden:

Osmoseverfahren: 23,72% Unlösliches

Soxhletverfahren: 24,93% „

4. Olibanum geschmolzen.

Quantitative Löslichkeit nach dem K. Dieterich'schen „Osmoseverfahren" bestimmt:

Lösungsmittel	% Unlösliches	Lösungsmittel	% Unlösliches
Benzol	25,21	Terpentinöl) ana p.	
Benzin	29,25	Benzin) ana p.	29,18
Petroläther	29,33	Spiritus 96%) ana p.	
Petroleum	38,06	Petroläther) ana p.	27,65
Terpentinöl	27,78	Spiritus 96%) ana p.	
Spiritus 96%	28,25	Aether) ana p.	26,79
Aether	26,83	Aether) ana p.	
Chloroform	27,48	Chloroform) ana p.	26,76
Spiritus 90%	28,44	Spiritus 90%)	
Aceton	27,46	Aether) ana p.	27.94
Methylalkohol	26,87	Benzin)	
Schwefelkohlenstoff	28,05		

Mit Ausnahme der Löslichkeit in Petroläther hat durch den Schmelzprozess die Löslichkeit eher ab- als zugenommen. Schon die qualitativen Löslichkeitsbestimmungen hatten ein ähnliches Resultat ergeben.

Wir bemerken hierzu, dass derartige Löslichkeitsbestimmungen in quantitativer Hinsicht unter Heranziehung von ungeschmolzenem und geschmolzenem Weihrauch in der Literatur bis jetzt überhaupt nicht vorhanden waren.

Benzinum Petrolei.

(Petroleumbenzin.)

Untersuchungsmethode: nach dem D. A. IV.

Untersuchungsresultate:

Nr.	Spez. Gew. bei 15° C.	Bemerkungen		
1	0,7138	E. d. A. d. D. A. IV. bis auf das spez. Gew.	Mit konz. H_2SO_4	Gelbfärbung
2	0,7080	„	„	
3	0,7133	„	„	„
4	0,7080	„	„	„
5	0,7122	„	„	„
6	0,7080	„	„	„
7	0,7080	„	„	„
8	0,7090	„	„	„
9	0,7080	„	„	„
10	0,7093	„	„	„
11	0,7100	„	„	„
12	0,7093	„	„	„
13	0,7100	„	„	„
14	0,7093	„	„	„
15	0,7100	„	„	„

Nr.	Spez. Gew. bei 15⁰ C.	Bemerkungen		
16	0,7074	E. d. A. d. D. A. IV. bis	auf das spez. Gew.	Mit konz. H_2SO_4
17	0,7100	,,	,,	Gelbfärbung
18	0,7070	,,	,,	,,
19	0,7100	,,	,,	,,
20	0,7070	,,	,,	,,
21	0,7100	,,	,,	,,
22	0,7074	,,	,,	,,
23	0,7100	,,	,,	,,
24	0,7078	,,	,,	,,
25	0,7100	,,	,,	,,
26	0,7074	,,	,,	,,
27	0,7090	,,	,,	,,
28	0,7050	,,	,,	,,
29	0,7090	,,	,,	,,
30	0,7055	,,	,,	,,
31	0,7090	,,	,,	,,
32	0,7051	,,	,,	,,
33	0,7100	,,	,,	,,
34	0,7054	,,	,,	,,
35	0,7090	,,	,,	,,
36	0,7052	,,	,,	,,
37	0,7090	,,	,,	,,
38	0,7053	,,	,,	,,
39	0,7090	,,	,,	,,
40	0,7050	,,	,,	,,
41	0,7090	,,	,,	,,
42	0,7055	,,	,,	,,
43	0,7080	,,	,,	,,
44	0,7120	,,	,,	,,
45	0,7100	,,	,,	,,
46	0,7083	,,	,,	,,
47	0,7100	,,	,,	,,
48	0,7105	,,	,,	,,
49	0,7046	,,	,,	,,
50	0,7046	,,	,,	,,
51	0,7047	,,	,,	,,
52	0,7046	,,	,,	,,

Bismutum subnitricum.

(Basisches Wismutnitrat.)

Untersuchungsmethode: nach dem D. A. IV.

Untersuchungsresultate:

Nr.	$\%$ $Bi_2\,O_3$	Bemerkungen
1	79,47	E. d. A. d. D. A. IV.
2	79,68	,,

Bleiverbindungen.

Cerussa.

(Bleiweiss.)

Untersuchungsmethode: nach dem D. A. IV.

Untersuchungsresultate:

Im Berichtsjahre kam nur eine Probe Bleiweiss zur Untersuchung. Dieselbe hatte 86,89% Glührückstand, 1,8% in Salpetersäure unlöslichen Rückstand (1% nach dem D. A. IV.). Sonst entsprach die Probe den Anforderungen des D. A. IV.

Lithargyrum.

(Bleiglätte.)

Untersuchungsmethode: nach dem D. A. IV.

Untersuchungsresultate:

Nr.	% Glüh- verlust	% in Essig- säure unlöslich	Bemerkungen
1	0,25	0,88	Enth. sehr deutl. Spuren Fe. E. s. d. A. d. D. A. IV.
2	0,17	0,80	„	„
3	0,23	0,76	„	„
4	0,24	0,90	„	„
5	0,25	0,52	„	„
6	0,27	0,52	„	„

Beanstandet wurden:

Nr.	% Glüh- verlust	% in Essig- säure unlöslich	Bemerkungen
1	2,15*)	0,62	Enth. sehr deutl. Spuren Fe. E. s. d. A. d. D. A. IV.
2	3,09	0,80	„	„
3	1,52	0,93	.,	„
4	3,11	0,78	„	„
5	1,38	0,37	„	„

*) Die anormal hohen Werte bei der Bestimmung des Glühverlustes rührten von der Feuchtigkeit des Präparates her.

Minium.

(Mennige.)

Untersuchungsmethode: nach dem D. A. IV.

Untersuchungsresultate:

Nr.	% in Salpetersäure unlöslicher Rückstand	Bemerkungen
1	0,80	Entsprach sonst den Anforderungen des D. A. IV.
2	äusserst geringer Rückstand	„
3	fast ohne „	„
4	1,28	„

Borax raffinatus pulvis.

(Boraxpulver raffiniert.)

Untersuchungsmethode: nach dem D. A. IV.

Untersuchungsresultate:

Obiges Präparat kam im Vorjahre viermal zur Untersuchung. Wie schon im Jahre 1901 bemerkt, enthält diese
Handelsmarke deutliche Spuren Chloride, entspricht aber sonst
in ihren qualitativen Reaktionen den Anforderungen des D. A. IV
vollständig.

Brennspiritus.

Untersuchungsmethode: Bestimmung des spez. Gewichtes
bei 15⁰ C.

Untersuchungsresultate:

Nr.	Spez. Gewicht bei 15⁰ C.	Volumenprozente Alkohol	Gewichtsprozente Alkohol
1	0,839	88,55	83,83
2	0,841	87,92	83,03
3	0,838	88,86	84,22
4	0,840	88,23	83,43

Calcaria chlorata.

(Chlorkalk.)

Untersuchungsmethode: nach dem D. A. IV.

Untersuchungsresultate:

Chlorkalk kam einmal zur Untersuchung. Die Probe ergab 27,30% wirksames Chlor, war etwas feucht, entsprach aber sonst dem D. A. IV.

Calcium carbonicum praecipitatum.

(Präcipitiertes Calciumcarbonat.)

Untersuchungsmethode: nach dem D. A. IV.

Untersuchungsresultate:

Calciumkarbonat kam im Jahre 1902 dreimal zur Prüfung; zwei Proben davon entsprachen völlig dem D. A. IV., bei der einen davon reagierte allerdings der wässerige Auszug deutlich alkalisch.

Probe Nr. 3 reagierte ebenfalls deutlich alkalisch, war in Essigsäure nicht vollständig löslich und stark eisenhaltig; dieselbe entsprach demnach nicht dem D. A. IV. und der damit versehentlich hergestellte Liquor Aluminii acetici war total unbrauchbar, was von dem starken Gehalt an Magnesiumverbindungen herrührte.

Camphora.
(Kampher.)

Untersuchungsmethode: nach dem D. A. IV.

Untersuchungsresultate:

Im Berichtsjahre kam nur eine Probe natürlicher Kampher zur Untersuchung. Dieselbe hatte einen Schmelzpunkt von 172⁰ C., war völlig flüchtig und entsprach auch sonst den Anforderungen des D. A. IV. Ausserdem kam eine Probe sogenannter „künstlicher Kampher“ zur Prüfung. Derselbe schmolz bei 110⁰ C. und stellte ein sehr unreines, nach Terpentinöl riechendes Produkt dar. Der eigentliche Kamphergeruch trat erst beim Verreiben auf.

Es ist vielleicht nicht uninteressant, darauf hinzuweisen, dass dieser künstliche Kampher, der aus dem Handel ebenso schnell wieder verschwunden ist, wie er auftauchte, für pharmaceutische Zwecke so gut wie unbrauchbar ist. Abgesehen vom Geruch, der viel schwächer als derjenige des echten Produktes war, waren auch die Löslichkeitsverhältnisse so, dass der grosse Unterschied zwischen Kunstprodukt und natürlichem Kampher ohne weiteres hervortrat. Besonders war die sehr leichte Ausscheidung des künstlichen Kamphers, speziell aus alkoholischen Lösungen, sehr für die pharmaceutische Verwendung störend. Der künstliche Kampher ist ein Terpentinölprodukt (Pinenchlorhydrat), welches kaum den Namen „Kampher“ verdient und in pharmaceutischen Zubereitungen die Stelle des natürlichen Kamphers nicht vertreten kann.

Cantharidinum.
(Kantharidin.)

Untersuchungsmethode: nach dem Ergänzungsbuch, Ausgabe II, Seite 56.

Untersuchungsresultate:

Cantharidinum purum kam im Berichtszeitraum einmal zur Prüfung. Dasselbe war aschefrei und entsprach sonst allen Anforderungen des Ergänzungsbuchs.

Cetaceum.

(Walrat.)

Untersuchungsmethode: nach dem D. A. IV.

Untersuchungsresultate:

Eine im Berichtsjahre zur Untersuchung gekommene Sendung Walrat schmolz zwischen 46—49° C. und entsprach auch sonst den Anforderungen des D. A. IV.

Colla piscium.

(Hausenblase.)

Untersuchungsmethode: siehe Helfenberger Annalen 1897, S. 329, nur mit der Erweiterung, dass nicht nur 4mal, sondern allgemein bis zur völligen Erschöpfung ausgekocht wird, was unter Umständen mehr als 4maliges Auskochen erfordert.

Untersuchungsresultate:

Nr.	% Feuchtigkeit	% in Wasser unlöslicher Rückstand	Bemerkungen
1	19,28	9,70	Äusseres sehr schön, Leim schwach gefärbt, fast geruchlos und gut klebend.
2	18,12	15,50	Äusseres weniger schön, Leim stark gefärbt, wenig riechend und gut klebend.
·3	17,56	12,00	Äusseres schön, Leim wenig gefärbt, wenig riechend und gut klebend.
4	18,34	18,70	,,
5	17,58	16,44	,,
6	19,56	13,62	Äusseres schön, Leim bräunlich gefärbt, ziemlich stark riechend aber gut klebend.

Crocus.

(Safran.)

Untersuchungsmethode: nach dem D. A. IV.

Untersuchungsresultate:

Von Safran kam im Jahre 1902 je ein Muster ganze Ware und feines Pulver zur Untersuchung.

Nachstehend die Resultate:

Ganze Ware: 12,90% Feuchtigkeit,
4,65% Asche,
5,33% Asche (auf bei 100° C. getrocknete Substanz berechnet).

Die Probe enthielt reichlich gelbe Fäden.

Feines Pulver: 10,37% Feuchtigkeit,
5,69% Asche,
6,35% Asche (auf bei 100° C. getrocknete Substanz berechnet).

Beobachtetes Maximum: 229,50 μ.

Den Anforderungen des D. A. IV. entsprechend.

Cylindrol.

(Zum Aufbügeln von Cylinderhüten.)

Dasselbe stellte eine farblose Flüssigkeit dar, welche von 65—86° C. fast völlig überdestillierte. Der Rückstand war anscheinend Paraffin liquid. (etwa 1% des Präparats betragend).

Aus dem Destillat liess sich durch den Geruch nachweisen, dass dasselbe nur aus Tetrachlorkohlenstoff und Benzol bestand, was auch durch die Reaktionen bestätigt wurde.

Dextrinum.

(Dextrin.)

Untersuchungsmethode: siehe E. Schmidt, Organ. Chemie
IV. Aufl., S. 875 und 876 und Ergänzungsbuch des
Deutschen Apotheker-Vereins. II. Ausg. S. 83 und 84.

Untersuchungsresultate:

Dextrin wurde im Jahre 1902 zweimal untersucht. Die
erste Probe ergab 0,5 % Asche und enthielt noch unzersetzte
Stärke, die zweite Probe hatte 3,37 % Feuchtigkeit, 0,33 %
Asche; die Lösung reagierte stark sauer und enthielt ebenfalls
noch unveränderte Stärke.

Ferrum sesquichloratum crystallisatum purum.

(Krystallisiertes Eisenchlorid.)

Untersuchungsmethode: Best. des spez. Gew. der Lösung
$(1+1)$ bei $17{,}5^0$ C. und nach dem D. A. IV.

Untersuchungsresultate:

Nr.	Spez. Gew. der Lösung $(1+1)$ bei $17{,}5^0$ C.	% $Fe_2Cl_6 + 12H_2O$	% Fe_2Cl_6	Bemerkungen
1	1,2935	50,11	30,12	E. d. A. d. D. A. IV. vollstd.
2	1,2897	49,57	29,81	Spuren von H_2SO_4, etw. feucht
3	1,2940	50,18	30,16	E. d. A. d. D. A. IV. vollstd.
4	1,2944	50,24	30,20	Spuren von H_2SO_4
5	1,2900	49,60	29,84	E. d. A. d. D. A. IV. vollstd.
6	1,2930	50,04	30,08	„ „
7	1,2940	50,18	30,16	„ „
8	1,2940	50,18	30,16	„ „
9	1,2950	50,32	30,25	„ „
10	1,2960	50,47	30,33	„ „

Ferrum sulfuricum oxydulatum cryst. et sicc.

(Eisenoxydulsulfat, krystallisiert und trocken.)

Untersuchungsmethode: beide nach dem D. A. IV.

Untersuchungsresultate:

Nr.		Prüfung nach dem D. A. IV.
1	cryst.	E. d. A. d. D. A. IV.
2	„	„ ein wenig oxydhaltig
3	„	„
1	siccum	„ 0,2 g = 11,00 ccm $^1/_{10}$ $Na_2S_2O_3$
2	„	„

Fette und Öle nebst Fett- und Ölsäuren.

A. Fette und Fettsäuren.

Acidum stearinicum crudum.

(Roh-Stearinsäure.)

Untersuchungsmethode: siehe Helfenberger Annalen 1897, S. 330 in dem Sinne erweitert, dass ausserdem noch die J.-Z. nach H.-W. bestimmt wird.

Untersuchungsresultate:

Nr.	Schmelzpunkt ^{0} C.	S. Z. d.	E. Z.	V. Z. h.	J. Z. n. H.-W.
1	56,0	209,40	1,50	210,90	—
2	—	210,30	0,60	210,90	—
3	56,0	208,13	2,80	210,93	3,39
4	55,0—56,0	208,13	2,80	210,93	—
5	55,0—56,0	208,13	2,80	210,93	3,11
6	54,0	207,76	0,56	208,32	3.01
7	55,0	207,76	0,56	208,32	3,36
8	55,0	205,90	1,30	207,20	3,06
9	55,0	205,52	1,68	207,20	3,04
10	55,0	205,52	0,78	206,30	3,07

Adeps suillus.

(Schweinefett.)

a) Selbstausgelassen.

Untersuchungsmethode: siehe Helfenberger Annalen 1897, S. 331 und 332 und nach dem D. A. IV.

Untersuchungsresultate:

Nr.	Schmelz-punkt ⁰ C.	S. Z. d.	J. Z. n. H.-W.	Bemerkungen
1	40,0	0,31	51,62	E. d. A. d. D. A. IV.
2	42,0	0,61	50,48—50,78	,,
3	41,0	0,33	50,99	,,
4	42,0	0,56	52,14	,,
5	42,0	0,39	52,81	,,
6	39,0	0,84	50,00—50,52	,,
7	42,0	0,39	53,56	,,
8	42,0	0,51	50,80	,,
9	41,0	0,28	47,51	,,
10	42,0	0,89	55,49	,,
11	42,0	0,56	51,83—51,99	,,
12	42,0	0,28	52,79—53,13	,,
13	42,0	0,84	50,29	,,
14	41,0	0,61	49,86—50,24	,,
15	40,0	0,73	46,97—47,57	,,
16	42,0	0,42	52,47	,,
17	42,0	0,56	52,60	,,

Beanstandet wurden:

Nr.	Schmelz-punkt ⁰ C.	S. Z. d.	J. Z. n. H.-W.	Bemerkungen
1	46,0	0,89	49,84—50,81	E. s. d. A. d. D. A. IV.
2	44,0	0,89	50,61	,,
3	45,0	0,28	51,34	,,
4	45,0	0,52	47,93	,,
5	45,0	0,56	45,94	,,
6	44,0—45,0	0,39	49,43	,,
7	43,0	0,45	51,19	,, zeigt etwas unangenehm. Geruch
8	38,0	0,89	59,40	Entsprach nicht d. Anf. d. D. A. IV.
9	39,0	—	62,05—62,40	,,

b) Amerikanisch.

Untersuchungsmethode: siehe Helfenberger Annalen 1897, S. 331 und 332 und nach dem D.·A. IV.

Untersuchungsresultate:

Nr.	Schmelz-punkt ^{0}C.	S. Z.	J. Z. nach H.-W.	Bemerkungen
1	40,0 —41,0	2,07	58,07—58,18	E. s. d. A. D. D. A. IV.
2	40,0	2,30	58,10—58,50	,,
3	46,0	0,86	47,00—47,70	,,
4	42,0	4,60	57,55—57,65	,,
5	40,0	1,15	59,30—61,60	,,
6	37,0	1,15	60,80—64,40	,,
7	37,5	2,68	62,50—62,70	,,
8	37,0	1,40	64,70—64,80	,,
9	39,0—40,0	2,91	58,70—59,30	,,
10	38,0	1,34	61,70	,,
11	40,0	3,02	58,20—60,00	,,
12	36,0—38,0	1,51	62,81	,,
13	36,0—38,0	1,45	62,79	,,
14	36,0—38,0	1,51	62,13	,,
15	36,0	3,64	62,84	,,
16	37,0	3,64	61,53	,,
17	36,0	3,47	61,97	,,
18	42,0	4,48	59,01	,,
19	42,0	4,48	59,11	,,
20	42,0	4,48	58,70	,,
21	37,0—38,0	2,21	62,00—62,55	,,
22	36,0—37,0	3,43	61,59—61,94	,,

Beanstandet wurden:

Nr.	Schmelzpunkt	S. Z.	J. Z.	Bemerkungen
1	35,0	1,93	65,07—65,30	Enthält Baumwollsamenöl
2	37,0	1,74	64,82—65,58	,,
3	34,0	1,56	64,07—64,30	E. s. d. A. d. D. A. IV.
4	34,0	1,73	63,20—63,90	·,

Im Berichtsjahre kamen auch zwei Proben ungarisches Schweineschmalz zur Beurteilung. Die Resultate seien nachstehend verzeichnet:

Nr.	Schmelz-punkt ^{0} C.	S. Z.	J. Z. nach H.-W.	Bemerkungen
1	36,0	0,52	65,21	E. s. d. A. d. D. A. IV. v. gelb. Farbe
2	39,0	0,39	60,78—61,41	„

Presstalg

(aus Rindertalg).

Untersuchungsmethode: siehe Helfenberger Annalen 1897, S. 333.

Untersuchungsresultate:

Im Jahre 1901 kam nur ein Muster Presstalg zur Untersuchung, die erhaltenen Werte waren folgende:

Schmelzpunkt . . . 56^0 C.
S.-Z. d. 0,28
J.-Z. n. H.-W. . . . 15,94

Die Werte entsprachen demnach unseren früher erhaltenen.

Sebum bovinum.

(Rindertalg.)

Untersuchungsmethode: siehe Helfenberger Annalen 1897, Seite 333.

Untersuchungsresultate:

Nr.	Schmelzpunkt ⁰ C.	S. Z.	J. Z. nach H.-W.
I. Sorte			
1	48,0	1,04	36,10
2	47,0	1,04	36,20
3	47,0	0,78	36,09
4	48,0	1,90	38,36
5	48,0	1,00	39,06
6	49,0	1,68	36,60
7	49,5	1,68	37,28
8	49,5	1,68	—
9	47,0	1,00	38,87
10	45,0	1,79	40,44
11	46,0	0,56	40,02
12	43,0	0,84	38,37—38,90
13	49,0	0,89	—
14	46,0	0,84	38,60
15	46,0	0,67	36,79
16	43,0	1,04	41,96
17	47,0	1,56	41,00
18	46,0	1,56	41,00
19	48,0	1,17	39,24
II. Sorte			
1	48,0	2,85	38,98
2	45,0	3,24	39,15
3	46,0—47,0	2,07	36,80
4	46,0—47,0	2,12	37,63
5	45,0	3,69	38,10—38,20
6	46,0	3,40	36,52
7	47,0	2,10	40,09

Beanstandet wurden:

Nr.	Schmelzpunkt °C.	S Z.	J. Z. nach H.-W.
I. Sorte			
1	51,0	0,63	36,20
2	50,0	0,63	35,30
3	49,0	0,89	33,70
4	49,0	1,40	34,15
II. Sorte			
1	47,0—48,0	3,07	38,94
2	47,0	3,53	—

Die beiden Rindertalgproben zweiter Sorte mussten ihres unangenehmen Geruches wegen beanstandet werden.

Sebum ovile.

(Hammeltalg.)

Untersuchungsmethode: siehe Helfenberger Annalen 1897, S. 333 und nach dem D. A. IV.

Untersuchungsresultate:

Nr.	Schmelzpunkt ^{0} C.	S. Z.	J. Z. nach H.-W.
1	48,0	1,96	41,24
2	47,0	1,00	39,95
3	48,0	1,96	38,45
4	48,0	1,96	39,18
5	50,0	1,68	39,15
6	47,0—48,0	1,18	39,10
7	47,0	1,44	40,40
8	48,0	1,12	39,95
9	50,0	1,00	39,20
10	48,0	0,95	41,61—41,78
11	49,0	1,68	39,81
12	49,0	1,68	38,92
13	48,0	1,00	39,72—39,86
14	46,0—47,0	0,78	39,56—39,83
15	46,0—47,0	0,81	38,10—38,65
16	50,0	1,40	42,70
17	50,0	1,40	41,71
18	48,0	1,12	37,67—38,29
19	48,0	1,23	38,24
20	47,0—48,0	1,12	37,83
21	50,0	2,52	40,19—41,72
22	50,0	1,90	39,69—39,84
23	48,0	0,84	41,33
24	47,0	1,56	39,35
25	47,0	1,04	39,38

Nr.	Schmelzpunkt ⁰ C.	S. Z.	J. Z. nach H.-W.
26	50,0	0,52	38,20
27	50,0	1,82	35,58
28	50,0	1,82	37,70
29	51,0	1,68	38,43
30	51,0	1,79	38,85
31	51,0	1,06	40,32
32	51,0	1,31	38,18
33	51,0	1,04	37,96
34	51,0	1,31	37,83

Beanstandet wurden:

1	46,0	1,68	39,54—40,43
2	45,0	0,88	38,71
3	45,0—46,0	1,04	42,47
4	43,0	0,78	40,76

Die Nummern 29—34 zeigten einen um einen Grad höheren
Schmelzpunkt als das D. A. IV. zulässt; wir konnten uns trotzdem nicht entschliessen, dieselben deswegen zu beanstanden.
Sonst entsprach in diesem Jahre bis auf wenige Ausnahmen
der Hammeltalg den Anforderungen des D. A. IV.

B. Öle und Ölsäuren.

Acidum oleïnicum crudum album.

(Rohes weisses Oleïn.)

Untersuchungsmethode: siehe Helfenberger Annalen 1897, S. 334 u. 335.

Untersuchungsresultate:

Nr.	S. Z. d.	E. Z.	V. Z. h.	J. Z. n. H.-W.
1	—	—	195,44	82,04—82,56
2	—	—	193,20	71,91—72,16
3	—	—	199,92	81,12—82,50
4	—	—	196,00	81,60—82,22
5	198,80	3,36	202.16	72,11—72,69
6	199,36	1,12	200,48	83,77
7	196,50	5,04	201,54	71,80
8	200,48	2,24	202,72	79,43
9	190,96	2,24	193,20	74,42
10	202,16	1,68	203,84	89,23—89,28
11	200,30	3,00	203,30	73,98
12	200,30	2,30	202,60	74,84
13	—	—	—	73,72

Beanstandet:

1	—	—	196,00	96,27—96,29

Refraktion bei 23 ° C. 52 Skal. Teile

Die hohe Refraktometerzahl lässt auf Leinölsäure schliessen.

Acidum oleïnicum crudum flavum.

(Rohes gelbes Oleïn.)

Untersuchungsmethode: siehe Helfenberger Annalen 1897, S. 334 und 335.

Untersuchungsresultate:

Nr.	S. Z. d.	E. Z.	V. Z. h.	J. Z. n. H.-W.
1	187,30	3,70	191,00	77,49—78,84
2	190,90	2,96	193,86	82,49—82,66
3	187,30	3,20	190,50	79,43
4	187,40	3,30	190,70	79,20

Beanstandet wurden:

Nr.	S. Z. d.	E. Z.	V. Z. h.	J. Z. n. H.-W.
1	186,50	3,08	189,58	73,13
2	186,50	3,08	189,58	74,18
3	187,00	2,80	189,80	74,78
4	—	—	200,00	—
5	185,36	6,16	191,52	74,04
6	185,36	6,16	191,52	75,48—76,12
7	{ 109,20	6,16	115,36	—
	109,20	6,16	115,36	—
8	193,10	2,30	195,40	98,54—98,91

Ol. Amygdalarum dulcium Anglicum.

(Mandelöl.)

Untersuchungsmethode: S.-Z. wie bei Adeps suillus, Prüfung nach dem D. A. IV.

Untersuchungsresultate:

Nr.	J. Z. n. H.-W.	Bemerkungen
1	98,02	Elaïdinprobe lieferte rötliche Gemische, welche erst nach längerem Stehen weiss wurden (Pfirsichkernöl)
2	98,88	,,
3	97,52	,,
4	92,45	S. Z. 4.98　　,,

In den qualitativen Anforderungen entsprach keines der Öle dem D. A. IV. Nr. 4 zeigte ausserdem noch eine zu niedrige Jodzahl.

Ein von einer Londoner Firma bezogenes, als .ganz rein bezeichnetes Mandelöl wurde neben Pfirsichkernöl des Handels, auch von obiger Firma gesandt (vergl. sub Ol. persicorum) genau analysiert und folgende Werte erhalten:

	Öl:	Fettsäuren daraus:
Spez. Gew. bei 15⁰ C.	0,9170	0,8990
Erstarrungspunkt	—	12⁰ C.
Schmelzpunkt	—	19⁰ C.
Refraktometerzahl bei 25⁰ C.	65,0 Sk. Teile	52,0 Sk. Teile
,,　　　　,, 40⁰ C.	56,0 ,, ,,	43,6 ,, ,,
,,　　　　,, 50⁰ C.	50,0 ,, ,,	38,5 ,, ,,
S.-Z. d.	3,36	—
V.-Z. h.	191,1—191,7	201,9—202,1
J.-Z. n. H.-W.	98,40—98,58	97,08—98,09
mittl. Molekulargewicht	—	277,1—277,4

Reaktion mit:	Öl:	Fettsäuren daraus:
Salpetersäure	farblos	farblos
Salpeter- u. Schwefelsäure	„	„
Schwefelsäure	rot — schwarz	rot — schwarz
Biber's Reagens	gelblich	farblos
Mabens „	ungefärbt	ungefärbt

Bis auf den Erstarrungs- nnd Schmelzpunkt der Fettsäuren bewegen sich diese Zahlen in den in der Literatur für Mandelöl angegebenen Grenzen. Erstere Werte stimmen nach Benedikt mit denjenigen des Pflaumenkernöls überein (13—14 und 20—22 ⁰ C.), dessen übrige Konstanten diejenigen des Mandelöls sind. Vergl. auch hierzu Helfenberger Annalen 1901, S. 75 und diese Annalen sub Pfirsichkernöl.

Oleum Cacao.

(Kakaobutter.)

Untersuchungsmethode: siehe Helfenberger Annalen 1897, S. 336 und nach dem D. A. IV.

Untersuchungsresultate:

Nr.	Schmelzpunkt ⁰ C.	S. Z.	J. Z. n. H.-W.
1	32,0	16,80	36,23
2	29,0—30,0	11,20	35,91
3	31,0	15,68	34,68—34,89
4	32,0	9,43	38,22
5	32,0	9,97	37,10
6	32,0	9,68	38,03
7	32,0	10,22	37,82
8	32,0	9,97	37,64
9	32,0	9,97	38,21
10	32,0	9,97	37,64
11	33,0—34,0	10,41	35,85

Nr.	Schmelzpunkt ^{0} C.	S. Z.	J. Z. n. H.-W.
12	33,0—34,0	10,41	36,32
13	33,0—34,0	15,62	36,87
14	33,0—34,0	11.59	35,72
15	33,0—34,0	13,02	36,38
16	33,0—34,0	20,83	36,43
17	33,0—34,0	13,02	36,23
18	33,0—34,0	15,62	35,65
19	33,0—34,0	10,41	36,26
20	30,0	24,08	36,46
21	29,0—30,0	21,28	35,71
22	29,0—30,0	22,40	35,71
23	31,0	23,52	34,92—35,05

Beanstandet wurden:

Nr.	Schmelzpunkt ^{0} C.	S. Z.	J. Z. n. H.-W.
1	30,0	22,40	32,90—33,02
2	27,0	10,64	36,55
3	29,0	11,20	34,45
4	27,0	38,08	36,67
5	28,0—29,0	26,88	35,81
6	29,0	13,44	37,44
7	27,0—28,0	22,40	35.99
8	27,0—28,0	15,12	36,06

Die Erstarrungs- bezw. Gussprobe war bei sämtlichen
Proben normal. Auch in diesem Jahre war es uns hinsichtlich des Schmelzpunkts nicht immer möglich, Ware zu erhalten, welche den Anforderungen des D. A. IV. entsprochen
hätte.

Cacaoline.

In den Annalen 1893, S. 100 und 1900, S. 112 haben wir über dieses Kunstprodukt berichtet; Malacarne hat in der Zeitschrift f. öffentl. Chemie 1902, S. 424 ebenfalls Zahlen mitgeteilt, die als Ergänzung unserer Werte hier nebeneinander gestellt sein mögen:

	E. Dieterich	K. Dieterich	Malacarne
Schmelzpunkt	32 ⁰ C.	32 ⁰ C.	29—33 ⁰ C.
S.-Z. d.	7,28	0,23—0,24	0,56—0,67
V.-Z. h.	—	256,05—293,44	248,0—257,0
V.-Z. k.	—	246,68—254,63	—
J.-Z.	4,52	—	4,2—5,0
Refraktometerzahl	—	—	35—40

Die Werte der genannten Autoren zeigen gute Übereinstimmung; die von E. Dieterich gefundene hohe Säurezahl zeigt, dass das Produkt aus Kokosfett hergestellt, jetzt besser entsäuert wird, als in früheren Jahren.

Oleum Cocos Cochinchina.

(Cochinchina-Kokosöl.)

Untersuchungsmethode:

    a) Schmelzpunkt s. H. A. 1897, S. 336, wie bei Ol. Cacao.

    b) S.-Z. s. H. A. 1897, S. 331, wie bei Adeps suillus.

    c) V.-Z. h. s. H. A. 1897, S. 330 ⎱ wie bei Acid.

    d) V.-Z. k.   „   ⎰ stearinicum.

    e) J.-Z. n. H.-W. s. H. A. 1897, S. 336, wie bei Ol. Olivarum.

Untersuchungsresultate:

Cochinchina-Kokosöl kam im Jahre 1901 nur einmal zur Beurteilung und ergab folgende Werte:

        S.-Z. d. 0,56

        J.-Z. n. H.-W. . . . 10,95

        Schmelzpunkt . . . 24 ⁰ C.

Das Öl war demnach völlig normal.

Oleum Jecoris Aselli album.

(Lebertran.)

Untersuchungsmethode: siehe Helfenberger Annalen 1897,
S. 337 und 338 und nach dem D. A. IV., mit der
Änderung, dass wir bei der Jodzahlbestimmung nach
dem D. A. IV., 0,1—0,2 g Lebertran anwenden und 18
Stunden stehen lassen.

Untersuchungsresultate:

Nr.	S. Z.	J. Z. n. H.-W.	V. Z. h.	Bemerkungen
1	1,05	120,83	187.00	E. sonst d. A. d. D. A. IV.
2	1,06	122,10	186,60	,,
3	—	128,60—130,40	186,20—187,70	,,
4	0,98	121,40	186,10	.,
5	1,12	125,30	183,50	,,
6	1,00	124,30	182,70	.,
7	—	125,00	182,70	.,
8	0,78	122,20	181,90	,,
9	1,00	130,80	175,60	,,
10	0,89	118,80	185,50	,,
11	1,28	133,20	189,84	,,
12	1,12	131,70	185,36	,,
13	1,12	116,30	191,80	0.927 spez. Gew. ,, b. 15° C.
14	1,12	116,10	191,20	0,929 ,, ,,
15	1,12	115,90	191,10	0,927 ,, ,,
16	1,12	116,10	191,70	0,929 ,, ,,
17	1,45	123,50	184,50	,,
18	1,45	123,80	185,70	,,
19	1,51	123,90	184,80	,,
20	1,45	123,80	185,30	,,
21	1,40	132,10—132,60	190,40	,,
22	1,12	123,90	189,46	,,
23	1,12	124,70	187,60	,,

Nr.	S. Z.	J. Z. n. H.-W.	V. Z. h.	Bemerkungen
24	1,12	121,50	188,00	E. d. A. d. D. A. IV.
25	1,12	121,40	186,90	,,
26	neutral	123,60	186,50	,,
27	,,	121,50	185,80	,,
28	,,	120,50	184,80	,,
29	,,	117,80	183,30	,,
30	,,	117,63	183,87	,,
31	,,	119,70	184,34	,,

Eine Probe Ol. Jecoris Aselli citrinum ergab

J.-Z. n. H.-W. . . . 118,90

V.-Z. h. . . . . . 190,20—190,70

In Bezug auf die Verseifungszahlen stellen wir nicht die scheinbar auf einem Irrtum beruhenden Anforderungen des Kommentar Fischer-Hartwich S. 205, 206, sondern die, welche den in der analytischen Chemie gemachten Erfahrungen und Grenzen entsprechen.

Die immer zunehmenden Preise für Lebertran, welche auf die geringe Ergiebigkeit der Lebern zurückzuführen sein sollen, haben die Notwendigkeit mit sich gebracht, einen billigen Lebertranersatz zu schaffen. Verschiedene Vorschläge sind hierfür gemacht worden; wir glauben, dass man bei künstlichem Lebertran von dem echten selbst als Grundlage nicht wird absehen können und im jodierten Sesamöl ein Mittel zur Herstellung des künstlichen hat, welches als roborierendes Fett dem Lebertran selbst sehr nahe steht. Nach der Vorschrift von Karl Dieterich besteht unser „künstlicher" Lebertran aus einer Mischung von Lebertran und jodiertem (0,03 $^0/_0$ Jod) Sesamöl. Sowohl Geschmack wie Nährkraft ist nach den bisherigen Versuchen bei diesem künstlichen Helfenberger Lebertran dem echten nahekommend. Lebertran-Ersatze oder künstliche Lebertrane, welche überhaupt nicht von natürlichem Tran als Grundlage ausgehen, also gar keine natürlichen Lebertranbestandteile enthalten, sind kaum berufen, den Lebertran zu ersetzen.

Oleum Lauri.

(Lorbeeröl.)

Untersuchungsmethode:

a) S.-Z. s. H. A. 1897, S. 331, wie bei Adeps suillus.
b) V.-Z. h. } s. H. A. 1897, S. 330,
c) V.-Z. k. } wie bei Acid. stearinicum.
d) J.-Z. n. H.-W. s. H. A. 1897, S. 336 wie unter Olea
　 beschrieben.
e) nach dem D. A. IV.

Untersuchungsresultate:

Nr.	S. Z. d.	E. Z.	V. Z. h.	J. Z. n. H.-W.
1	42,42	165,58	208,00	71,41
2	7,89	246,91	254,80	68,39

Oleum Lini.

(Leinöl.)

Untersuchungsmethode:

a) S.-Z. s. H. A. 1897, S. 331, wie bei Adeps suillus.
b) V.-Z. h. 　　　 „ 　　 S. 330, 　„ 　„ Acid. stearinicum.
c) J.-Z. n. H.-W. s. H. A. 1897, S. 336, wie unter Olea
　 beschrieben.
d) nach dem D. A. IV.

Untersuchungsresultate:

Im Jahre 1901 kamen zwei Proben frisch gepresstes
Leinöl zur Untersuchung.

Die festgestellten Werte waren bei Nr. 1

　　　　　S.-Z. . . . . 　1,12
　　　　　V.-Z. h. . . . . . . 192,00—193,00
　　　　　J.-Z. n. H.-W. . . . 141,00—143,20
bei Nr. 2
　　　　　V.-Z. h. 193,76
　　　　　J.-Z. n. H.-W. . . . 146,80

Oleum Nucistae.

(Muskatbutter.)

Untersuchungsmethode: siehe Helfenberger Annalen 1897,
S. 337 und nach dem D. A. IV.

Untersuchungsresultate:

Muskatbutter kam im Berichtszeitraum nur einmal zur
Prüfung. Dieselbe zeigte

Schmelzpunkt . . 45—50⁰ C.
S.-Z. d. 46,48
J.-Z. n. H.-W. . . 40,86

und entsprach sonst den Anforderungen des D. A. IV.

Wir haben schon früher darauf hingewiesen, dass die
Werte für Muskatbutter ausserordentlich grossen Schwankungen unterworfen sind. Sowohl die Schmelzpunkte, wie
auch die übrigen Werte sind im Vergleich zu den früher
erhaltenen Zahlen stets grossen Differenzen unterworfen. Es
gilt dies besonders von dem Schmelzpunkt, welchen ja auch
das Deutsche Arzneibuch normiert. Meistens liegt derselbe
allerdings nach unseren Untersuchungen tiefer. Wir haben
auch früher bereits hervorgehoben, dass die kalte und heisse
Verseifung schlechte Resultate erzielt, was jedenfalls auf die
Schwankungen in der Menge der verseifbaren und unverseif-
baren Bestandteile zurückzuführen ist. Weiterhin ist auch
der Gehalt an ätherischem Öl zweifellos von Einfluss auf den
Ausfall der Zahlen. Neuerdings hat nun Utz in der Chemischen Revue 1903 Nr. 1 eine Arbeit über Muskatbutter veröffentlicht, welche schon in den diesjährigen Annalen herangezogen werden soll, da in genannter Arbeit auf unsere in
den vorjährigen und vorvorjährigen Annalen veröffentlichten
Zahlen von Muskatbutter Bezug genommen ist; auch sind
schon vor Erscheinen der Veröffentlichung von Utz in dem
hiesigen Laboratorium diesbezügliche Untersuchungen im
Gange gewesen. Utz fasst sein Urteil im allgemeinen fol-
gendermassen zusammen:

„Aus meinen Versuchen und Untersuchungen glaube ich
demnach mit Berechtigung den Schluss ziehen zu dürfen, dass
wir in der Bestimmung des Brechungsindex von Oleum

Nucistae ein vortreffliches Hilfsmittel besitzen, reine Ware von verfälschter zu unterscheiden."

Wir haben mehrere Sorten Muskatbutter von verschiedenen Firmen bezogen und genau analysiert; wir haben auch ausser dem Schmelzpunkt noch die S.-Z., V.-Z. und Jodzahl und die Refraktometerzahl wie sie Utz besonders empfiehlt, bestimmt. In nebenstehender Tabelle sind die Resultate vereinigt.

Die Differenz in den Refraktometerzahlen von 43,5—72,5, also von ca. 30 Skalenteilen lassen nach unseren Erfahrungen schon von vornherein den Nachweis von Verfälschungen durch den Brechungsindex als unmöglich erscheinen. Gewiss hat Utz bei der einen Probe, die er zur Untersuchung herangezogen, die Verfälschungen mit Kakaobutter, fettem Öl, Wachs, Fett, Paraffin etc. strikte nachweisen können. Die Verhältnisse würden sich aber sofort verschoben haben, wenn noch eine grössere Anzahl von Handelssorten zur Untersuchung herangezogen und auf diese Weise erst eine Grundlage gewonnen worden wäre, welche für die Schwankungen und die Grenzwerte unbedingt erforderlich sind. Besonders hervorzuheben ist, dass Utz die Refraktometerzahl bei 40° C. bestimmte, also einer Temperatur, die meist unter dem Schmelzpunkt von Muskatbutter liegt. Wir haben daher die Refraktometerzahl bei 50° C. bestimmen müssen, wodurch natürlich auch von vornherein kleine Differenzen mit den Angaben von Utz zu erwarten waren. Weiterhin konnten wir, wie aus der Tabelle hervorgeht, eine gewisse Beziehung von Refraktometerzahl und von Jodzahl beobachten. Bei den grossen Schwankungen in diesen Produkten, besonders bei dem verschiedenen Gehalt an ätherischem Öl möchten wir die Bestimmung der Refraktometer-, Jod-, Säure- und Verseifungszahl wohl mit Utz empfehlen, möchten sie aber — entgegen Utz — nicht unbedingt als stichhaltig hinstellen für die Beurteilung, ob Verfälschungen vorliegen oder nicht. Besonders sei aber nochmals hervorgehoben, dass die Angaben des Arzneibuches entschieden nicht einwandsfrei sind, da ein Oleum Nucistae auf diese Weise auf seine Reinheit keinesfalls sicher untersucht werden kann.

Oleum Nucistae	Schmelz-punkt	S. Z. d.	V. Z. h.	J. Z. n. H.-W.	Refrakto-meterzahl b. 50° C.	Differenz	Differenz nach Utz
1. Vom Lager	44—45° C.	48,16	153,30	41,00—41,14	72,5 Sk .T.	—	—
2. G. & Co., Dr.	50—52° C.	93,24	171,50	34,59—34,88	55,5 „	—	—
3. J. D. R., B.	43—44° C.	118,86	186,90	31,67—32,26	43,5 „	—	—
4. Firma unbekannt	48—49° C.	33,04	165,90	36,56	64,0 „	—	—
5. Vom Lager + 10% Ol. Cacao (Refr. = 41,0)	—	—	—	—	71,0 „	.— 1,5	— 2,3
6. „ „ + 10% Cera flava	—	—	—	—	69,0 „	— 3,5	+ 2,5
7. „ „ + 10% Seb. bovin. (Refr. = 40,5)	—	—	—	—	70,5 „	— 2,0	— 3,8
8. „ „ + 10% Ol.Olivarum	--	—	—	—	71,0 „	— 1,5	— 3,8
9. Handelsware + 10% Ol. Cacao .	---	—	—	—	44,0 „	+ 0,5	— 2,3
10. „ + 10% Seb. bovin.	---	—	—	—	42,5 „	— 1,0	.— 3,8

Oleum Olivarum commune.

(Gewöhnliches Olivenöl, Baumöl.)

Untersuchungsmethode: siehe Helfenberger Annalen 1897,
S. 338 und nach dem D. A. IV.;
ferner die S.-Z. s. H. A. 1897, S. 331.

Untersuchungsresultate:

Nr.	J. Z. n. H.-W.	S. Z.	Bemerkungen
1	81,81	5,82	Elaïdinprobe gut, Malagaöl
2	84,22—84,57	18,40	„　„
3	83,05—83,18—83,64	3,92	„　„ Geschmack kratzend
4	80,22—80,94	11,20	„ genügend
5	82,35—82,40	1,12	„　„
6	83,68—84,09	—	„ gut
7	80,21	6,72	„　„
8	80,98	12,88	„　„
9	81,16	3,92	„　„
10	—	3,92	„　„
11	80,67	3,41	„　„ Malagaöl
12	80,48	3,64	„　„ frei von Sesamöl
13	80,78	3,36	„　„　„
14	81,30	3,64	„　„　„
15	81,09	3,36	„　„　„
16	81,30	2,86	„　„　„
17	81,20	3,64	„　„　„
18	83,40—83,60	1,34	„　„　„
19	81,20	2,80	„　„　„
20	83,20	2,85	„　„　„
21	82,30—82,50	—	„　„　„
22	80,56—81,43	3,69	„　„　„
23	80,53—80,68	3,96	„　„　„
24	82,89—83,00	4,52	„　„　„ denaturiert
25	80,87—82,54	19,60	„　„　„　„

Beanstandet wurden:

Nr.	J. Z. n. H.-W.	S. Z.	Bemerkungen
1	96,10	22,40	Elaïdinprobe gut, frei v. Sesamöl, Smyrnaöl
2	83,71	17,68	„　„ enthält „
3	84,96	33,60	„　„　„　„ Malagaöl
4	81,49	21,60	„　„ frei von „　„
5	88,86	11,76	„ genügend

Oleum Olivarum provinciale.

(Olivenöl, Bariöl.)

Untersuchungsmethode: siehe Helfenberger Annalen 1897,
S. 338 und nach dem D. A. IV.;
ferner die S.-Z. s. H. A. 1897, S. 331.

Untersuchungsresultate:

Nr.	J. Z. n. H.-W.	S. Z.	Bemerkungen
1	81,77	12,04	Elaïdinpr. gut, Sesamölpr. negativ. E.d.A.d.D.A.IV.
2	82,33	11,20	„ „ „
3	81,92	15,40	„ „ „
4	80,30—80,37	3,64	„ „ „
5	81,08	3,80	„ „ „
6	81,49	3,80	„ „ „
7	80,92—81,50	11,20	„ „ „
8	83,10—84,00	4,48	„ „ „
9	83,30—83,80	4,58	„ „ „
10	81,60—82,55	3,36	„ „ „
11	82,50—82,69	3,36	„ „ „
12	83,42	4,36	„ „ „
13	82,60	4,59	„ „ „
14	83,56—83,89	3,02	„ „ „
15	82,50—82,69	3,36	„ „ „
16	82,18	3,41	„ „ „
17	80,20—80,61	18,82	„ „ 188,60 V.-Z. h. „
18	80,91—82,52	16,40	„ „ „
19	79,95—80,09	11,42	„ „ „
20	84,01—84,37	2,46	„ „ „
21	81,56—82,35	3,86	„ „ „
22	83,33	2,40	„ „ „
23	81,12—81,16	10,90	„ „ „

Beanstandet wurden:

1	84,37—84,70	13,19	Elaïdinpr. gut., Sesamölpr.: negativ. E.s.d.A.d.D.A.IV.
2	78,41—79,07	30,60	„ „ „

Oleum Persicorum.

(Pfirsichkernöl.)

Untersuchungsmethode:

a) S.-Z. d. s. H. A. 1897 S. 331, wie bei Adeps suillus.

b) V.-Z. h. s. H. A. 1897 S. 330, wie bei Acidum stearinicum.

c) J.-Z. n. H.-W. s. H. A. S. 336, unter Olea beschrieben.

Untersuchungsresultate:

Im Berichts-Zeitraum kam Pfirsichkernöl nur einmal zur Begutachtung; wir konnten folgende Werte feststellen:

S.-Z. d.	5,01— 5,08
E.-Z.	185,49—186,02
V.-Z. h.	190,50—191,10
J.-Z. n. H.-W.	113,00—113,30—113,40

Die von K. Dieterich (s. Helfenberger Annalen 1901, S. 75) früher gefundenen Werte sind folgende:

S.-Z. d.	5,46— 6,53
V.-Z. h.	192,50—193,00
J.-Z. n. H.-W.	92,50—109,70

Die Jodzahlen liegen bei der diesmal untersuchten Sorte höher; hierzu ist zu bemerken, dass die früher gefundenen Zahlen auf reines selbstgepresstes Pfirsichkernöl Bezug hatten, während sich die heutigen auf eine „Handelssorte" beziehen. Wir kommen in folgendem noch auf diese Handelssorten zurück.

Von einer Londoner Firma wurde uns ein Muster Pfirsichkernöl gesandt, welches eine garantiert reine „Handelssorte" sein sollte. Wir haben unter Zugrundelegung unserer früheren Untersuchungen (s. H. A. 1901, S. 75) diese Handelssorte genau analysiert und folgende Werte gefunden:

	Öl	Fettsäuren daraus
Spez. Gewicht b. 15⁰ C.	0,9180	0,9030
Erstarrungspunkt	—	6⁰ C.
Schmelzpunkt	—	14—15⁰ C.
Refraktometerzahl b. 25⁰ C. . . .	65,5 Sk. T.	53,0 Sk. T.
„ „ 40⁰ C. . . .	57,0 „	44,5 „
„ „ 50⁰ C. . . .	51,0 „	39,5 „
Säurezahl	3,64	—
Verseifungszahl	191,6—192,2	200,3—200,4
Jodzahl n. Hübl-Waller	100,9—101,0	103,3—103,9
mittl. Molekulargew.	—	279,7
mit Salpetersäure	rot	rötl. Schein
mit Salpeter-Schwefelsäure . . .	rot	sehr leichter rötl. Schein
mit Schwefelsäure	rot, dann schwarz	rot, dann schwarz
m. HNO_3, $H_2 SO_4 + H_2 O$ n. Bieber	rot	farblos
mit Zinkchlorid n. Maben . . .	ungefärbt	ungefärbt

Hierzu ist zu bemerken, dass der Schmelzpunkt der Fettsäuren (14—15⁰ C.) bedeutend höher liegt, als bei dem früher von uns frisch selbst gepressten, also absolut reinen Pfirsichkernöl, wo wir 3—5⁰ C. fanden. Auch die Refraktometerzahlen der Fettsäuren weichen bei der heutigen Handelssorte von den Werten des reinen Öls ab. Hingegen wurde die hohe Verseifungszahl, wie wir sie schon früher bis 192,5 fanden, hier wieder konstatiert. Die Reaktion nach Maben fiel, wie bei Mandelöl, im Gegensatz zu den sonstigen Befunden negativ aus. Den ganzen mit denen von Mandelöl fast übereinstimmenden Werten und Reaktionen nach scheint diese Handelssorte nicht Pfirsichkern-, sondern Mandelöl zu sein. Es ist ja oft schon darauf hingewiesen worden, dass beide Öle viel verwechselt und durcheinander ersetzt werden.

Oleum Ricini.

(Ricinusöl.)

Untersuchungsmethode: siehe Helfenberger Annalen 1897,
S. 339, und nach dem D. A. IV.;
ferner die S.-Z. s. H. A. 1897, S. 331.

Untersuchungsresultate:

Nr.	J. Z. n. H.-W.	S. Z.	Bemerkungen
1	84,16	1,73	D. A. d. D. A. IV. entspr. Geschmack normal!
2	—	1,79	„ „
3	84,31	1,73	„ „
4	81,17	1,96	„ „
5	81,74	1,96	„ „
6	—	1,96	„ ·,
7	83,89	1,79	„ „
8	84,03	—	„ „
9	84,60	1,79	„ „
10	82,24	1,00	„ „
11	81,45	0,95	„ „
12	—	0,95	„ „
13	82,58	1,00	„ „
14	82,42	1,04	„ „
15	82,62	1,28	„ „
16	82,51	1,05	„

Oleum resinae.

(Harzöl.)

Untersuchungsmethode:

a) S.-Z.,
b) V.-Z. k.
c) V.-Z. h.
d) J.-Z. n. H.-W.,
e) Spezifisches Gewicht bei 15⁰ C.

} siehe H. A. 1897, S. 335, 336.

Untersuchungsresultate:

Nr.	Spez. Gew. bei 15⁰ C.	S. Z. d.	E. Z.	V. Z. h.
1	0,985	0,14	13,76	13,90
2	0,985	0,88	4,72	5,60
3	—	0,30	3,92	4,22
4	0,982	0,61	7,02	7,63

Wollfett.

Adeps lanae anhydricus.

(Wasserfreies Wollfett.)

Untersuchungsmethode: siehe Helfenberger Annalen 1897, S. 340 und nach dem D. A. IV. (incl. Ad. Lanae cum Aqua).

Untersuchungsresultate:

Nr.	% Asche	S. Z.	Wasser-aufnahme-fähigkeit in Prozenten	Bemerkungen
1	0,00	0,22	über 250	E. d. A. d. D. A. IV.
2	,,	neutral	,, 250	,,
3	,,	,,	,, 250	,,
4	,,	0,22	,, 200	,,
5	,,	0,22	,, 250	,, 0,23 % Verlust
6	,,	0,24	,, 250	,, b. 100° C.
7	,,	0,28	,, 250	,,
	technicum			
8	0,00	0,67	über 200	0,81 % Verlust b. 100° C.
9	,,	fast neutral	,, 250	
10	,,	1,28	,, 220	von dunkler Farbe u. starkem Geruch, sehr zähe
11	,,	1,23	,, 200	Verreibg. m. Wasser, bleibt zähe, Wass. wird langsam aufgenom.
12	,,	0,56	,, 250	v. zieml. dunkl. Farbe, Verreibg. schön hell u. geschmeidig
13	,,	1,08	,, 250	—
14	,,	0,89	,, 250	

Wollfettwachs.

Im Berichtszeitraum kam eine Probe sogenanntes Wollfettwachs zur Untersuchung. Es stellte eine wachsartige, grünlich-braune Masse dar, mit wollfettartigem Geruch.

Dasselbe war in Spiritus unlöslich, in Äther und Schwefelkohlenstoff nicht klar, in Chloroform verhältnismässig leicht und klar löslich. Beim Kochen des Wollfettwachses mit wässeriger Kalilauge trat Verseifung ein. Die entstandene Wachsseife löste sich nicht in Wasser, dagegen leicht in Spiritus.

Die bei der Untersuchung gefundenen Werte waren folgende:

Schmelzpunkt . . . . 72° C.,
Spez. Gew. b. 15° C. 0,9679,
S.-Z. d. 24,97,
V.-Z. h. 67,20,
E.-Z. 42,23,
J.-Z. n. H.-W. . . 10,00—10,17—10,55.

Gelatine, Gelatineleim, Knochenleim.

Untersuchungsmethode: Wasser- u. Aschegehält in Prozenten. Qualitative Prüfung der Asche.

Untersuchungsresultate:

Nr.		$^0/_0$ Asche	Bemerkungen
1	Gelatina alba D. A. IV.	1,83	E. d. A. d. D. A. IV., wässerige Lösung reagiert kaum merkbar sauer
1	Gelatineleim	1,50	stark Fe haltig, in H_2O zieml. farblos lösl.
2	„	2,97	quillt gut und löst sich normal
3	„	1,14	„
4	„	2,73	„
5	„	1,41	„
6	„	1,52	stark Fe haltig, in H_2O zieml. farblos lösl.

Glycerinum.

(Glycerin.)

Untersuchungsmethode: nach dem D. A. IV.

Untersuchungsresultate:

Nr.	Spez. Gew. b. 15° C.	Bemerkungen
1	1,2350	E. d. A. d. D. A. IV.
2	1,2310	„
3	1,2340	„
4	1,2320	„
5	1,2310	„
6	1,2350	„
7	1,2310	„
8	1,2348	„
9	1.2350	„
10	1,2324	„
11	1,2325	„
12	—	„
13	—	„
14	—	Gab. m. Silbernitrat etwas Färbung. E. s. d. A. d. D. A. IV.
15	1,2340	E. d. A. d. D. A. IV.
16	1,2320	„
17	1,2310	„
18	1,2320	„
19	1,2323	Spuren v. Chloriden u. Buttersäure E. s. d. A. d. D. A. IV.
20	1,2330	„ „
21	1,2323	„ „
22	1,2330	„ „
23	1,2323	„ „
24	1,2330	„ „
25	1,2320	„ „
26	1,2330	„ „
27	1,2320	E. d. A. d. D. A. IV.
28	1,2330	„

Zu hohes spezifisches Gewicht zeigten folgende Proben:

Nr.	Spez. Gew.	Bemerkungen
1	1,2370	E. s. d. A. d. D. A. IV.
2	1,2370	„
3	1,2370	„

Gummi arabicum.

(Arabisches Gummi.)

Untersuchungsmethode: siehe Helfenberger Annalen 1897, S. 341 und nach dem D. A. IV.

Untersuchungsresultate:

Nr.	S. Z. ind.	% Asche	Bemerkungen
a) albissimum			
1	2,94	—	E. d. A. d. D. A. IV.　Gummierungsprobe gut.
2	5,60	2,19	E. d. A. d. D. A. IV.　Lösung fast farblos.
b) technicum			
1	14,00	3,10	Gummierungsprobe gut.　E. s. d. A. d. D. A. IV.
2	17,64	3,05	„ rötlich gefärbt ,,
3	14,00	3,18	„ gelblich „ ,,
4	14,70	—	,, ,, ,, ,,
5	15,40	2,32	„ dunkel „ ,,

Beanstandet wurde:

Nr.	S. Z. ind.	% Asche	Bemerkungen
b) technicum			
1	14,00	2,00	Lösung dunkel, mit geringem unlöslichen Rückstand. Gummierungsprobe normal. Mit Bleiessig keine Fällung.

Hydrargyrum oxydatum rubrum.

(Rotes Quecksilberoxyd.)

Untersuchungsmethode: nach dem D. A. IV.

Untersuchungsresultate:

Dieses Präparat kam im Jahre 1902 dreimal zur Prüfung und entsprach immer den Anforderungen des D. A. IV im Gegensatz zu früheren Jahren, wo es durch Oxalsäurelösung (1 + 9) öfters eine wesentliche Farbenveränderung erlitt.

Hydrargyrum praecipitatum album.

(Weisser Quecksilberpräcipitat.)

Untersuchungsmethode: nach dem D. A. IV und Helfenberger Annalen 1900, S. 145.

Untersuchungsresultate:

Im Berichtsjahre kam weisser Quecksilberpräcipitat fünfmal zur Untersuchung. Es konnten alle 5 Proben als den Anforderungen des D. A. IV vollständig entsprechend bezeichnet werden.

Hydrargyrum vivum.

(Quecksilber.)

Untersuchungsmethode: nach dem D. A. IV.

Untersuchungsresultate:

Von Quecksilber kamen im vergangenen Jahre 50 Flaschen zur Untersuchung; die Durchschnittsproben entsprachen nach der Filtration alle den Anforderungen des D. A. IV.

Jodoformium.

(Jodoform.)

Untersuchungsmethode: nach dem D. A. IV.

Untersuchungsresultate:

Zwei im Berichtsjahre zur Untersuchung gekommene Proben Jodoform entsprachen den Anforderungen des D. A. IV.

Jodum resublimatum.

(Resublimiertes Jod.)

Untersuchungsmethode: nach dem D. A. IV.

Untersuchungsresultate:

Nr.	% J.	Bemerkungen
1	99,95	E. d. A. d. D. A. IV.
2	100,00	„
3	100,50	„ bis auf Spuren von Jodsäure

Kalium bicarbonicum.

(Doppeltkohlensaures Kalium.)

Untersuchungsmethode: nach dem D. A. IV.

Untersuchungsresultate:

Doppeltkohlensaures Kalium kam im Vorjahre dreimal zur Untersuchung. Der Glührückstand betrug bei Nr. 1 $69,01\%$, bei Nr. 2 $68,30\%$ und Nr. 3 $68,74\%$. Die beiden ersten Nummern entsprachen dem D. A. IV vollständig, das dritte Muster enthielt deutliche Spuren Chloride.

Kalium carbonicum.

(Kohlensaures Kalium.)

Untersuchungsmethode: nach dem D. A. IV.

Untersuchungsresultate:

Von Kaliumkarbonat kam im Berichts-Zeitraum je eine Probe reines und rohes zur Untersuchung. Das reine Kaliumkarbonat entsprach vollständig den Anforderungen des D. A. IV. Das rohe Präparat enthielt deutliche Spuren Chloride und Sulfate bei einem Gehalt von $91,41\%$.

Kornspiritus (Alter Korn).

Kornspiritus kam im Jahre 1902 zweimal zur Prüfung.

Untersuchungsresultate:

Nr.	Spez. Gew. bei 15° C.	Vol. % Alkohol	Gew. % Alkohol	Bemerkungen.
1	0,953	39,49	32,84	klar, gelblichbraun, Geruch und Geschmack normal.
2	0,951	40,70	33,99	

Lacca musci.

(Lackmus.)

Untersuchungsmethode: siehe Helfenberger Annalen 1897, S. 342.

Untersuchungsresultate:

Lackmus kam im Jahre 1902 viermal zur Prüfung; alle Proben entsprachen in der Färbekraft den von uns gestellten Anforderungen.

Liquor Ammonii caustici duplex.

(Doppelte Ammoniakflüssigkeit.)

Untersuchungsmethode: nach dem D. A. IV.

Untersuchungsresultate:

Nr.	Spez. Gew. bei 15⁰ C.	Gew. % NH₃	Bemerkungen
1	0,9120	24,33	Entsprach den Anforderungen des D. A. IV.
2	0,9100	24,98	„
3	0,9127	24,09	.,
4	0,9125	24,16	..
5	0,9130	24,01	„
6	0,9122	24,26	,.
7	0,9120	24,33	..
8	0,9130	24,01	,.
9	0.9110	24,66	..
10	0,9115	24,50	,.
11	0,9109	24,69	,.
12	0,9110	24,66	..
13	0,9130	24,01	„
14	0,9120	24,33	„
15	0,9130	24,01	,,
16	0,9120	24,33	..
17	0,9128	24.06	„
18	0,9121	24,30	..
19	0,9127	24,09	,.
20	0,9125	24,16	..
21	0,9120	24,33	.,
22	0,9122	24,26	..
23	0,9126	24,12	..
24	0,9110	24,66	..
25	0,9120	24,33	..
26	0,9130	24,01	„
27	0,9123	24,23	„
28	0,9125	24,16	„
29	0,9124	24,20	„
30	0,9120	24,33	„
31	0,9128	24,06	„
32	0,9120	24,33	„
33	0,9122	24,26	„
34	0,9121	24,30	,.

Nr.	Spez. Gew. bei 15⁰ C.	Gew. % NH_3	Bemerkungen
35	0,9127	24,09	Entsprach den Anforderungen des D. A. IV.
36	0,9126	24,12	„
37	0,9125	24,16	„
38	0,9124	24,20	„
39	0,9123	24,23	„
40	0,9128	24,06	„
41	0,9120	24,33	„
42	0,9135	23,84	„
43	0,9120	24,33	„
44	0,9130	24,01	„
45	0,9120	24,33	„
46	0,9130	24,01	„
47	0,9120	24,33	„
48	0,9130	24,01	„
49	0,9120	24.33	„
50	0,9140	23,68	„
51	0,9120	24,33	„
52	0,9150	23,35	„
53	0,9120	24,33	„
54	0,9100	24,98	„
55	0,9120	24,33	„
56	0,9140	23,68	„
57	0,9120	24,33	„
58	0,9150	23.35	„
59	0,9093	25,22	„
60	0,9097	25,09	„
61	0,9070	25,98	„
62	0,9030	27,32	„
63	0,9095	25,16	„
64	0,9020	27,65	„
65	0,9093	25.22	„
66	0,9060	26,31	„
67	0,9060	26,31	„
68	0,9098	25,06	„

Liquor Kali caustici crudus.

(Rohe Kalilauge.)

Untersuchungsmethode: Spez. Gew. bei 15° C., Titration des Gehalts an KOH, qualitativ nach dem D. A. IV.

Untersuchungsresultate:

Nr.	Spez. Gew. bei 15° C.	Berechneter Gehalt an % KOH	Titrierter Gehalt an % KOH	Bemerkungen
1	1,3846	37,82	38,22	Enth. Chloride, Spur v. Karbon. E.s.d.A.
2	1,3840	37,77	—	„ „ d.D.A.1V.
3	1,3820	37,62	37,80	„ „ „
4	1,3843	37,79	—	„ „ „
5	1,3840	37,77	38,00	„ „ „
6	1,3825	37,65	38,00	„ „ „
7	1,3809	37,59	37,40	„ „ „
8	1,3826	37,66	37,80	„ „ „
9	1,3846	37,82	38,00	„ „ „
10	—	titr. % K_2CO_3 2,99	36,96	„ „
11	—	„ 2,76	36,68	„ „
12	—	„ 3,10	36,40	„ „
13	—	„ 4,48	34,72	„ „
14	—	„ 2,83	35,28	„ „
15	—	„ Spuren	39,48	„ „
16	—	„ 2,07	38,78	„ „
17	—	„ 0,94	38,50	„ „
18	—	—	37,80	„ „
19	—	—	37,01	„ „
20	—	—	37,66	„ „
21	—	—	37,24	„ „
22	—	—	37,30	„ „
23	—	—	36,21	„ „
24	—	—	36,46	„

Liquor Natri caustici crudus.

(Rohe Natronlauge.)

Untersuchungsmethode: Spez. Gew. b. 15 ⁰ C.
Titration des Gehalts an NaOH, qualitativ nach dem
D. A. IV.

Untersuchungsresultate:

Nr.	Titrierter Gehalt an % NaOH	% Gesamtalkali	% Na_2CO_3	Bemerkungen
1	37,60	39,40	2,37	sehr viel Chloride enthaltend, fast eisenfrei, E. s. d. A. d. D. A. IV.
2	36,40	—	Spuren	„ „
3	38,00	—	fast frei davon	„ „
4	36,20	—	1,91	„ „
5	—	38,20	2,12	„ „

Manganum chloratum.

(Manganchlorür.)

Untersuchungsmethode: Prüfung der Reinheit analog der
Vorschrift für Mangansulfat im Ergänzungsbuch zum
D. A. III., II. Ausg. S. 204 und 205.

Untersuchungsresultate:

Manganchlorür, welches hier in ziemlich grossen Mengen
bei der Herstellung unserer indifferenten Eisenmanganpräparate verbraucht wird, kam im vorigen Jahre fünfmal
zur Untersuchung. Zwei Posten enthielten ziemlich viel, ein
dritter nur Spuren Eisen, die beiden anderen Sendungen entsprachen den Anforderungen des Ergänzungsbuchs vollständig.
Sämtliche Proben erwiesen sich völlig frei von Kupfer, Blei
und Zink.

Maschinenöl.

Untersuchungsmethode: S.-Z. wie bei Adeps suillus, siehe H. A. 1897, S. 331 und spezifisches Gewicht.

Untersuchungsresultate:

Nr.	Handelsbezeichnung	S. Z.	Bemerkungen
1	Maschinenöl	0,056	dünnflüssig, gelb, stark fluorescierend
1	Maschinenfett	0,056	von salbenartiger Konsistenz, bei 20° C. dickflüssig, braun, stark fluorescierend.
1	Staufferfett	0,780	
2	„	0,780	
1	russ. Maschinenöl	0,078	fast geruchlos
2	„ „	0,080	„ „
1	schweres Maschinenöl	0,052	von hellbrauner Farbe
2	„ „	0,056	„ „
1	Schmieröl	0,112	

Mel crudum Germanicum.

(Deutscher Rohhonig.)

Untersuchungsmethode: siehe Helfenberger Annalen 1897, S. 343 und nach dem D. A. IV.

Untersuchungsresultate:

Nr.	Spez.Gew. bei 15⁰ C. (Lös.1+2)	S. Z.	Polarisation in Graden	%₀ Asche	Prüfung auf Stärkezucker (Barytfällg.)	Prüfung auf Raffinose (Bleifällung)	Bemerkungen
1	1,117	8,96	—	0,109	negativ	negativ	E.d.D.A.IV.
		war Akazien-Wiesenhonig von gelblicher Farbe, klar, von sehr angenehmem Geruch und Geschmack					
2	—	15,68	—.	0,230	negativ	negativ	„
		war von gutem Geruch und Geschmack					
3	1,118	5,60—5,76	—9,5⁰	0,086	negativ	negativ	„
4	1,117	6,16	—9,7⁰	0,090	negativ	negativ	„

Beanstandet:

Nr.	Spez.Gew. bei 15⁰ C. (Lös.1+2)	S. Z.	Polarisation in Graden	%₀ Asche	Prüfung auf Stärkezucker (Barytfällg.)	Prüfung auf Raffinose (Bleifällung)	Bemerkungen
1	1,1136	—	—11,0⁰	—	—	—	

War sehr trübe und hielt die Alkoholprobe nicht aus.

Milch- und Pflanzensäfte.

Aloë.

(Aloë.)

Untersuchungsmethode: siehe Helfenberger Annalen 1897, S. 308 und nach dem D. A. IV.

Untersuchungsresultate:

Nr.	% Verlust bei 100° C.	% Asche	% bei 100° C. getrocknetes wässeriges Extrakt	Bemerkungen
1	12,40	0,53	52,31	E. d. A. d. D. A. IV.

Aloë kam im Jahre 1902 nur einmal zur Beurteilung und entsprach den von uns und dem D. A. IV. gestellten Anforderungen.

Cautschuc.

(Kautschuk.)

Untersuchungsmethode: nach dem D. A. IV.

Untersuchungsresultate:

Im Vorjahre kamen hier zahlreiche Sendungen Platten-
kautschuk zur Untersuchung. Die Löslichkeit liess bei keiner
Probe zu wünschen übrig, ebenso war niemals Schwefel nachweisbar. Jedoch machten wir zweimal bei Kautschukmustern
die Beobachtung, dass sich die Salpeterschmelze nicht völlig
in Wasser löste. Als Grund hierfür können wir angeben,
dass die dünnen Kautschukplatten, um ein Zusammenkleben
zu verhüten, vor der Verarbeitung mit Speckstein eingerieben
werden, welcher sich hinterher nicht mehr völlig entfernen lässt.
Auch kommen diese Platten mit Seife eingerieben — um das
Zusammenkleben zu vermeiden — in den Handel.

Euphorbium.

(Euphorbium.)

Untersuchungsmethode:
    a) nach dem D. A. IV.
    b) nach K. Dieterich, Analyse der Harze, S. 231—233.

Untersuchungsresultate:

Im vorigen Jahre kam nur eine Probe Euphorbium-
pulver zur Untersuchung. Dasselbe ergab
    43,74 % in siedendem Weingeist unlösliche Teile und
    8,12 % Asche.
Es entsprach somit vollkommen den Anforderungen des
D. A. IV. Andere Untersuchungen wurden damit nicht angestellt.

Manna.

(Manna.)

Untersuchungsmethode: siehe Helfenberger Annalen 1897,
S. 342 und nach dem D. A. IV.

Untersuchungsresultate:

Nr.	% Feuchtigkeit	% Asche	% in Spiritus löslich	% in Spiritus unlöslich	Bemerkungen
1	11,40	1,45	85,00	4,00	E. s. d. A. d D. A. IV.
2	7,20	1,35	88,40	2,50	,,
3	5,04	2,83	91,40	2,10	,,
4	10,28	1,40	89,60	2,80	,,
5	9,65	1,25	90,00	1,80	,,
6	10,05	1,60	89,00	2,46	,,
7	10,06	2,73	87,00	2.93	,,
8	10,93	1,20	87,07	2,00	,,

Beanstandet wurden:

Nr.	% Feuchtigkeit	% Asche	% in Spiritus löslich	% in Spiritus unlöslich	Bemerkungen
1	13,23	1,91	87,00	2,45	E. s. d. A. d. D. A. IV.
2	12,72	1,63	87,00	1,78	,,
3	13,26	1,40	86,00	1,92	,,
4	13,01	1,25	83,83	3,16	,,

Die letzten Sorten hatten einen zu hohen Wassergehalt
und mussten deshalb beanstandet werden.

Opium.

(Opium.)

Untersuchungsmethode: nach E. Dieterich und Helfenberger Annalen 1897, S. 346.

An Stelle der D. A. IV.-Methode nach Loof bedienen wir uns der E. Dieterich'schen Methode, wir verfahren am Schlusse gewichtsanalytisch und titrimetrisch nebeneinander.

Untersuchungsresultate:

Nr.	% Feuchtigkeit	% Asche	% Morphin	Bemerkungen
1	22,80	4,82	12,11—12,26	E. d. A. d. D. A. IV.
2	—	5,63	11,98	„
3	25,05	4,80	11,69—11,82	„ Opium mit Pflanzenresten durchsetzt
4	—	—	10,26	„

Beanstandet wurden:

Nr.	% Feuchtigkeit	% Asche	% Morphin	Bemerkungen
1	20,46	11,26	12,68	Äusseres d. Opiums war schlecht, dem D. A. IV. nicht entsprechend.
2	—	11,42	11,68	
3	—	—	9,91	Ausser. gut. E. nicht d. A. d. D. A. IV.

Natrium bicarbonicum.

(Doppeltkohlensaures Natron.)

Untersuchungsmethode: nach dem D. A. IV.

Untersuchungsresultate:

Nr.	% Glührück- stand	Bemerkungen
1	63,00	Enthält mehr, als Spuren Kali, e. s. d. A. d. D. A. IV.
2	63,19	„ „
3	62,81	„ „
4	62,02	„ „
5	63,24	„ „
6	—	„ „
7	63,24	„ „
8	63,46	„ u. Monokarbonat „
9	63,33	„ „
10	63,42	„ „
11	63,43	„ „

Natrium carbonicum crudum et purum.

(Reine und rohe Soda.)

Untersuchungsmethode: nach dem D. A. IV.

Untersuchungsresultate:

Nr.	$\%$ Na_2CO_3	Bemerkungen
a) crudum		
1	35,77	Enthielt reichlich Sulfate und Chloride E. s. d. A. d. D. A. IV.
2	34,70	„ (etwas feucht) „
3	—	„ „
4	35,70	„ „
5	—	„ „
b) purum		
1	37,66	E. d. A. d. D. A. IV.
2	36,10	„

Beanstandet wurde:

Nr.	$\%$ Na_2CO_3	Bemerkungen
a) crudum		
1	29,80	Enthielt sehr viel Sulfate und Chloride

Natrium ichthyolatum.

(Ichthyol-Natrium.)

Untersuchungsmethode: siehe E. Schmidt, organ. Chemie,
IV. Aufl. S. 122.

Untersuchungsresultate:

Im Berichtsjahre kamen vier Proben Natriumichthyolat
zur Prüfung; dieselben entsprachen bei der qualitativen Prüfung den Anforderungen in Schmidts organ. Chemie.

Osmosepapier.

Untersuchungsmethode: Bestimmung des Gewichtes von
1 qm.

Untersuchungsresultate:

Vier Rollen Osmosepapier wiesen ein Durchschnittsgewicht
von 180 g
185 „
190 „
193 „   pro qm auf.

Paraffine und Vaseline.

Ceresinum.

(Ceresin.)

Untersuchungsmethode: s. Helfenberger Annalen 1897, S. 348.

Untersuchungsresultate:

Nr.	Schmelz-punkt ⁰ C.	Geruch	Strichprobe	Farbe
1	71,0—72,0	geruchlos	gut, nicht klebend	halbweiss
2	71,0—72,0	„	„	„
3	71,0—72,0	„	„	„
4	71,0—72,0	„	„	„
5	71,0—72,0	„	„	„
6	70,0	„	„	„
7	71,0	„	„	„
8	70,0	„	„	„
9	72,0	„	„	„
10	71,0	„	„	„

Beanstandet wurden:

Nr.	Schmelzpunkt	Geruch	Strichprobe	Farbe
1	67,0	schwacher Geruch nach Petroleum	gut, nicht klebend	halbweiss
2	68,0	„	„	„
3	66,0	„	„	„
4	64,0—65,0	„	„	„

Der immer höher steigende Preis des Ceresins hat leider auch immer mehr die Tatsache mit sich gebracht, dass ein wirklich hoch schmelzendes Ceresin, d. h. ein Ceresin mit einem über 70⁰ C. liegenden Schmelzpunkt oft gar nicht zu haben ist. Es dürfte dies gewiss darauf zurückzuführen sein, dass aus

Sparsamkeitsrücksichten die Fabriken eine möglichst weitgehende Reinigung zur Erzielung eines recht harten und hoch schmelzenden Kunstwachses vermeiden.

In Bezug auf die Nomenklatur und Unterscheidung von Ceresin und Paraffin und die Nutzanwendung auf die Angaben unseres D. A. IV. möchten wir auf den lehrreichen Aufsatz in der Pharm. Zeitung Nr. 39 vom 16. Mai 1903 verweisen. (Siehe auch Paraffine.)

Ceresinum flavum.

(Gelbes Ceresin.)

Untersuchungsmethode: s. Helfenberger Annalen 1897, S. 348.

Untersuchungsresultate:

Ceresinum flavum kam im Berichtsjahre nur ein Posten zur Prüfung. Dasselbe war von schön hochgelber Farbe, hatte schwachen Petroleumgeruch und schmolz bei 68° C.

Ozokerit.

(Erdwachs.)

Untersuchungsmethode: siehe Helfenberger Annalen 1897,
S. 349.

Untersuchungsresultate:

Erdwachs kam im vergangenen Jahre zweimal zur Untersuchung; die eine Probe schmolz bei 68—69⁰ C., die andere bei 71⁰ C. Hinsichtlich Farbe, Geruch und der Strichprobe, welche wir in gleicher Weise wie bei Ceresin ausführen, waren beide Sendungen normal.

Paraffinum.

(Braunkohlen-Paraffin.)

Untersuchungsmethode: siehe Helfenberger Annalen 1897,
S. 349 und Strichprobe wie bei Ceresin.

Untersuchungsresultate:

Nr.	Schmelz-punkt ⁰ C.	Bemerkungen
1	59,0	Roch schwach n. Petrol., Strichprobe gut, nicht klebend
2	68,0	,,　　　　　　　　　　　　　　　,,
3	51,0—52,0	,,　　　　　　　　　　　　　　　,,
4	51,0	,,　　　　　　　　　　　　　　　,,
5	52,0	,,　　　　　　　　　　　　　　　,,
6	55,0—56,0	,,　　　　　　　　　　　　　　　,,

Betreffs der Nomenklatur in Bezug auf das D. A. IV vergl. sub Ceresin.

Paraffinum solidum.

(Festes Paraffin.)

Untersuchungsmethode: siehe Helfenberger Annalen 1897, S. 349 und nach dem D. A. IV.

Untersuchungsresultate:

Festes Paraffin wurde im Jahre 1902 dreimal geprüft. Die Schmelzpunkte betrugen:

$$72{,}0^0 \text{ C.}$$
$$74{,}0^0 \text{ C.}$$
$$73{,}0^0 \text{ C.}$$

Beim Erhitzen mit konz. H_2SO_4 blieb das Paraffin selbst unverändert, die Säure wurde deutlich gelb gefärbt. Sonst entsprachen alle drei Proben den Anforderungen des D. A. IV.

Paraffin von noch höherem Schmelzpunkt als 74^0 C., wie das D. A. IV vorschreibt, ist bei der jetzigen allgemeinen Verschlechterung der Paraffin- und Ceresinprodukte im Handel kaum oder nur zu exorbitant hohen Preisen aufzutreiben (vergl. sub Ceresin).

Paraffinum liquidum album I.

(Weisses Paraffinöl.)

Untersuchungsmethode: siehe Helfenberger Annalen 1897, S. 348 und nach dem D. A. IV.

Untersuchungsresultate:

Flüssiges Paraffin kam im Berichtsjahre zweimal zur Untersuchung. Die Proben hatten ein spez. Gew. von 0,880 und 0,881 bei 15^0 C. und waren neutral. Gegen konzentrierte Schwefelsäure verhielten sich dieselben indifferent, d. h. das Paraffinöl blieb unverändert, die Säure aber zeigte eine deutliche Gelbfärbung. Sonst entsprachen beide Sendungen den Anforderungen des D. A. IV.

Paraffinum liquidum album II.

(Weisses Vaselinöl.)

Untersuchungsmethode: siehe Helfenberger Annalen 1897,
S. 348.

Untersuchungsresultate:

Nr.	Spez. Gew. bei 15⁰ C.	S. Z.	Geruch
1	0,8640	neutral	schwach nach Petroleum
2	0,8650	„	„ „ „
3	0,8653	„	„ „ „
4	0,8642	„	„ „ „
5	0,8642	„	„ „ „

Paraffinum liquidum flavum.

(Gelbes Vaselinöl.)

Untersuchungsmethode: siehe Helfenberger Annalen 1897,
S. 348.

Untersuchungsresultate:

Gelbes Vaselinöl kam im vergangenen Jahre nur einmal
zur Prüfung. Das spez. Gew. bei 15⁰ C. betrug 0,889. Dasselbe war von hochgelber Farbe, fluorescierte stark und roch
schwach nach Petroleum.

Vaselina flava.

(Gelbe Vaseline.)

Untersuchungsmethode: siehe Helfenberger Annalen 1897, S. 349.

Untersuchungsresultate:

Nr.	S. Z.	Geruch	Bemerkungen
1	neutral	riecht nicht n. Petrol.	Farbe, Aussehen, Konsistenz normal
2	,,	,, ,, ,, ,,	,, ,, ,, ,,
3	,,	,, ,, ,, ,,	,, ,, ,, ,,
4	,,	,, ,, ,, ,,	,, ,, ,, ,,
5	,,	,, schwch. ,, ,,	,, ,, ,, ,,
6	,,	,, ,, ,, ,,	,, ,, ,, ,,
7	,,	,, ,, ,, ,,	,, ,, ,, ,,
8	,,	,, nicht ,, ,,	,, ,, ,, ,,
9	,,	,, ,, ,, ,,	,, ,, ,, ,,
10	,,	,, ,, ,, ,,	,, ,, ,, ,,
11	0,056	,, schwch. ,, ,,	,, ,, ,, ,,

Peptonum siccum cum sale.

(Trockenes Pepton, salzhaltig.)

Untersuchungsmethode: siehe E. Schmidt, organ. Chemie, IV. Aufl., S. 1819 und Ergänzungsbuch zum D. A. III II. Ausgabe, S. 237 u. 238.

Untersuchungsresultate:

Trockenes Pepton mit Salz kam im Berichtsjahre nur einmal zur Prüfung. Es ergab bei der Untersuchung:

$$4{,}36^0/_0 \text{ Feuchtigkeit}$$
$$11{,}10^0/_0 \text{ Asche.}$$

Qualitativ entsprach dasselbe den Anforderungen des Ergänzungsbuchs.

Pix liquida.

(Holzteer.)

Untersuchungsmethode: nach dem D. A. IV.

Untersuchungsresultate:

Zwei Proben Holzteer entsprachen den Anforderungen des D. A. IV; bei der einen betrug der Verlust bei 100^0 C. $36{,}5^0/_0$.

Santoninum.

(Santonin.)

Untersuchungsmethode: nach dem D. A. IV.

Untersuchungsresultate:

Zwei untersuchte Santoninproben zeigten den normalen Schmelzpunkt von 170^0 C., verbrannten ohne jeglichen Rückstand und entsprachen auch im Übrigen den Anforderungen des D. A. IV.

Secale cornutum.

(Mutterkorn.)

Untersuchungsmethode: siehe Helfenberger Annalen 1897, S. 351 und nach dem D. A. IV.

Untersuchungsresultate:

Nr.	$\%$ bei 100° C. getrocknet. wässeriges Extrakt	$\%$ Alkaloid	Bemerkungen
1	14,94	0,231	Aussehen normal, E. d. A. d. D. A. IV.
2	15,22	0,210	„ „
3	16,90	0,260	„ „
4	16,35	0,196	„ „
5	16,35	0,180	„ „
6	16,44	0,195	„ „
7	15,82	0,210	„ „
8	14,99	0,275	„ „
9	15,10	0,350—0,370	„ „

Beanstandet wurden:

Nr.			
1	16,20	0,060	Aussehen normal, E. d. A. d. D. A. IV.
2	15,80	0,060	sehr zerfress. Ware E. nicht „
3	14,20	0,036	„ „ „ „ „
4	13,55	0,031	zieml. „ „ „ „

Semen Sinapis.

(Senfsamen.)

Untersuchungsmethode:

Senföl nach der modifizierten E. Dieterich'schen
Methode: siehe Helfenberger Annalen 1901, S. 116
oder nach der Methode des D. A. IV.

Ausserdem nach dem D. A. IV und eventuell nach
Helfenberger Annalen 1900, S. 185 ff.

Untersuchungsresultate:

Nr.	% ätherisches Senföl (gewogen)	% ätherisches Senföl (titriert)
1	—	0,819
2	0,970	0,912
3	0,940	0,810
4	0,710	0,605
5	—	0,610
6	—	0,670—0,690
7	0,680	0,630
8	—	0,740
9	—	0,670
10	—	0,640
11	—	0,680
12	—	0,640
13	—	0,790
14	—	0,690
15	—	1,000
16	—	1,060
17	—	1,030
18	—	1,060
19	—	1,030
20	—	0,760
21	—	0,680
22	—	1,030
23	—	1,050
24	—	1,240
25	—	1,180
26	—	1,340
27	—	1,180

Nr.	% ätherisches Senföl (gewogen)	% ätherisches Senföl (titriert)
28	—	1,280
29	—	0,877
30	—	0,743
31	—	0,904
32	—	0,695
33	—	0,858
34	—	0,918
35	—	1,076
36	—	1,242
37	—	1,076
38	—	1,242
39	—	1,242
40	—	0,780
41	—	0,800

Beanstandet wurden:

Nr.	% ätherisches Senföl (gewogen)	% ätherisches Senföl (titriert)
1	—	0,602
2	—	0,590
3	—	0,610
4	—	0,530
5	—	0,411
6	—	0,470
7	—	0,557
8	—	0,578
9	—	0,530
10	—	0,540
11	—	0,460
12	—	0,480
13	—	0,580

Spiritus Aetheris nitrosi.

(Versüsster Salpetergeist.)

Untersuchungsmethode: nach dem D. A. IV.

Untersuchungsresultate:

Nr.	Spez. Gew. bei 15⁰ C.	Titration der Säure		Bemerkungen
1	0,8465	10 ccm =	0,93 ccm $\frac{n}{2}$ KOH	E. s. d. A. d. D. A. IV.
2	0,8450	„ =	0,60 „ „ „	„
3	0,8470	„ = mehr als 0,40 „ „ „		„
4	0,8465	„ = „ 0,40 „ „ „		„

Im allgemeinen musste bei allen Proben eine etwas zu starke saure Reaktion konstatiert werden.

Succus Liquiritiae crudus.

(Roher Süssholzsaft.)

Untersuchungsmethode: siehe Helfenberger Annalen 1897, S. 387, nur unter Weglassung der Chlorammoniumprobe, und nach dem D. A. IV.

Untersuchungsresultate:

Nr.	% Verlust bei 100⁰ C.	% Asche	% Glycyrrhizin	% bei 100⁰ C. getrocknet. wässeriges Extrakt
1	15,03	7,70	19,80	80,40
2	—	7,01	14,27—14,50	—
3	—	—	14,77	—
4	23,46	6,54	18,20—18,80	74,88
5	19,82	7,10	20,26	—
6	20,20	7,50	22,50	—
7	20,04	6,98	19,74	—
8	18,60	6,74	25,56	75,40

Der Feuchtigkeitsgehalt überschritt fast immer die vom D. A. IV zugelassene Höchstgrenze von 17%.

Vanillinum crystallisatum purum.

(Vanillin.)

Untersuchungsmethode: Schmelzpunkt und nach dem Ergänzungs-Buch II. Ausgabe, S. 328 u. 329.

Untersuchungsresultate:

Vanillin wurde im Berichtszeitraum zweimal geprüft; die erste Probe schmolz unscharf bei 80⁰ C., verbrannte ohne Rückstand und entsprach sonst den Anforderungen des Ergänzungs-Buchs; die zweite Probe entsprach vollständig.

Vegetabilien.

A. Blätter.

Folia Belladonnae.

(Tollkirschenblätter.)

Untersuchungsmethode: siehe Helfenberger Annalen 1897, S. 353 und nach dem D. A. IV.

Untersuchungsresultate:

Eine Probe Belladonna-Blätter ergab 26,75 % wässeriges Extrakt. Das Aussehen war normal, den Anforderungen des D. A. IV entsprechend. Der Alkaloidgehalt wurde nicht ermittelt.

Folia Sennae Alexandrinae.

(Alexandriner Sennesblätter.)

Untersuchungsmethode: siehe Helfenberger Annalen 1897, S. 353 und nach dem D. A. IV.

Untersuchungsresultate:

Nr.	% bei 100° C. getrocknetes wässeriges Extrakt
1	29,15
2	27,55
3	25,85
4	32,90
5	33,70
6	23,85

Nr.	% bei 100° C. getrocknetes wässeriges Extrakt
7	25,60
8	26,90
9	31,56
10	32,60
11	32,92
12	32,97
13	28,74
14	29,10
15	31,76
16	32,15

Beanstandet wurden:

1	27,40	war äusserlich eine sehr unreine Ware und gab eine überaus schleimige, unfiltrierbare Extraktlösung.
2	24,84	} enthielten ziemlich viel Stiele.
3	25,42	

Folia Trifolii fibrini.

(Bitterkleeblätter.)

Untersuchungsmethode: siehe Helfenberger Annalen 1897,
S. 353 u. 354 und nach dem D. A. IV.

Untersuchungsresultate:

Eine im Vorjahre untersuchte Probe Bitterklee entsprach
im Äusseren völlig den Anforderungen des D. A. IV., lieferte
aber nur 27,36% Ausbeute an wässerigem Extrakt.

Zwei andere Sendungen wurden nur dem Aussehen nach
geprüft und entsprachen völlig dem D. A. IV.

B. Blüten.

Flores Rosae.

(Rosenblüten.)

Untersuchungsmethode: siehe Helfenberger Annalen 1897,
S. 354 und nach dem D. A. IV.

Untersuchungsresultate:

3 Muster Flores Rosae Marocco kamen im Berichtsjahre
zur Untersuchung und entsprachen im Äusseren, Farbe und
Wohlgeruch den Anforderungen, welche das D. A. IV. an eine
gute Ware stellt.

Das alkoholische Extrakt wurde nicht bestimmt.

C. Früchte.

Fructus Juniperi.

(Wacholderbeeren.)

Untersuchungsmethode: siehe Helfenberger Annalen 1897, S. 355 und nach dem D. A. IV.

Untersuchungsresultate:

Nr.	% bei 100° C. getrocknetes wässeriges Extrakt
1	28,05
2	28,23
3	28,35

Beanstandet wurde:

1	25,75

Im Äusseren genügten alle Wacholderbeeren den Anforderungen des D. A. IV., der Extraktgehalt ging aber nicht über die von uns in den Helfenberger Annalen 1897, S. 355 angegebene niedrigste Grenze hinaus.

Sieben weitere Muster wurden nur dem Äusseren nach geprüft und entsprachen sämtlich dem D. A. IV.

D. Kräuter.

Herba Hyoscyami.

(Bilsenkraut.)

Untersuchungsmethode: siehe Helfenberger Annalen 1897, S. 356 und nach dem D. A. IV.

Untersuchungsresultate:

Im Jahre 1902 kamen 19 Muster Bilsenkraut zur Prüfung. Dieselbe wurde nur dem Äusseren nach vorgenommen, weil es uns hauptsächlich auf recht schöne Farbe des Krautes ankam; wir verarbeiten dasselbe nur zu Pulv. herb. Hyoscyami und Ol. Hyoscyami decemplex.

E. Rinden.

Cortex Chinae.

(Chinarinde.)

Untersuchungsmethode: siehe Helfenberger Annalen 1897, S. 357 und nach dem D. A. IV.

Untersuchungsresultate:

Nr.	$%$ Alkaloid	$%$ bei 100^0 C. getrocknetes wässeriges Extrakt	$%$ bei 100^0 C. getrocknetes alkoholisches Extrakt
1	5,770	15,45	24,40
2	5,740	12,60	22,80
3	5,058	14,70	27,84
4	5,058	13,74	27,24
5	5,480	13,87	24,10

Beanstandet wurden:

Nr.	$%$ Alkaloid	$%$ bei 100^0 C. getrocknetes wässeriges Extrakt	$%$ bei 100^0 C. getrocknetes alkoholisches Extrakt
1	5,830	14,64	20,22
2	4,539	18,25	32,64
3	5,480	8,81	14,70
4	2,270	13,40	24,85

Cortex Cinnamomi.

(Zimmtrinde.)

Untersuchungsmethode: siehe Helfenberger Annalen, S. 357 und nach dem D. A. IV.

Untersuchungsresultate:

Nr.	Cortex Cinnamomi	$\%$ bei 100° C. getrocknetes alkoholisches Extrakt	$\%$ bei 100° C. getrocknetes wässeriges Extrakt
1	ceylanici	12,80	7,80
1	sinensis	8,25	—

Das Aussehen beider Sorten Zimmtrinde war normal, die chinesische entsprach den Anforderungen des D. A. IV.

Cortex Condurango.

(Condurangorinde.)

Untersuchungsmethode: siehe Helfenberger Annalen 1897, S. 357 und nach dem D. A. IV.

Untersuchungsresultate:

Nr.	$\%$ bei 100° C. getrocknetes alkoholisches Extrakt
1	12,50
2	13,25
3	13,75
4	13,04
5	17,82

Das Äussere der Rinden war gut; auch sonst entsprachen dieselben den Anforderungen des D. A. IV.

Cortex Frangulae.

(Faulbaumrinde.)

Untersuchungsmethode: siehe Helfenberger Annalen 1897, S. 357, wie unter Cortex Condurango und nach dem D. A. IV.

Untersuchungsresultate:

Nr.	bei 100° C. getrocknetes alkoholisches Extrakt
1	16,00
2	19,30
3	18,10
4	19,75
5	18,85
6	20,74

Alle Faulbaumrinden entsprachen im Aussehen und auch in den andern Eigenschaften den Anforderungen des D. A. IV.

F. Wurzeln.

Radix Althaeae.

(Eibischwurzel.)

Untersuchungsmethode: nach dem D. A. IV.

Untersuchungsresultate:

Im Berichtsjahre kamen vier Muster Eibischwurzel zur Untersuchung. Drei davon entsprachen den Anforderungen des D. A. IV, das vierte erregte durch seine blendende Weisse den Verdacht künstlicher Färbung durch Talcum oder Kreide.

Radix Gentianae.

(Enzianwurzel.)

Untersuchungsmethode: siehe Helfenberger Annalen 1897, S. 359 und nach dem D. A. IV.

Untersuchungsresultate:

Nr.	$\%$ bei 100^0 C. getrocknetes wässeriges Extrakt
1	40,80
2	43,40
3	45,05
4	47,07
5	36,49
6	41,21
7	39,25

Das Aussehen sämtlicher Enzianwurzeln war sehr gut, dem D. A. IV entsprechend.

Radix Ipecacuanhae.

(Brechwurzel.)

Untersuchungsmethode: siehe Helfenberger Annalen 1897, S. 359 und nach dem D. A. IV.

Untersuchungsresultate:

Nr.	Art	% Alkaloid
1	Rio	2,08
2	„	2,16
3	„	2,14
1	Carthagena	2,48
2	„	2,04
3	„	2,71
4	„	2,59
5	„	2,03

Auch im Äusseren entsprachen sämtliche Brechwurzel-proben den Anforderungen, welche man an eine gute Droge zu stellen berechtigt ist.

Radix Liquiritiae russica.

(Russisches Süssholz.)

Untersuchungsmethode: siehe Helfenberger Annalen 1897,
S. 359 und nach dem D. A. IV.

Untersuchungsresultate:

Nr.	% bei 100° C. getrocknetes wässeriges Extrakt
1	25,12
2	28,50
3	31,00
4	30,70
5	30,00
6	25,37
7	30,95
8	30,10
9	28,75
10	29,85
11	29,75
12	32,90
13	30,50
14	26,82
15	31,50
16	34,50
17	31,42
18	32,00
19	34,90

Beanstandet wurde:

1	22,95

Radix Rhei.

(Rhabarberwurzel.)

Untersuchungsmethode: siehe Helfenberger Annalen 1897, S. 360 und nach dem D. A. IV.

Untersuchungsresultate:

Nr.	$^0/_0$ bei 100° C. getrocknetes wässeriges Extrakt	$^0/_0$ bei 100° C. getrocknetes alkoholisches Extrakt
1	33,47	40,24
2	33,40	41,40
3	32,89	42,64
4	34,99	43,06

Aussehen gut, dem D. A. IV entsprechend.

Beanstandet wurden:

1	29,93	36,45
2	32,24	38,36
3	33,51	36,15

Nr. 1 und 2 der beanstandeten Wurzeln hatten schlechtes Aussehen und waren sehr zerfressen, Nr. 3 war sonst eine schöne Ware, aber mit sehr niedriger Ausbeute an alkoholischem Extrakt.

Radix Senegae.

(Senegawurzel.)

Untersuchungsmethode: siehe Helfenberger Annalen 1897, S. 360 und nach dem D. A. IV.

Untersuchungsresultate:

Nr.	$^0/_0$ bei 100^0 C. getrocknetes alkoholisches Extrakt
1	23,85
2	26,90
3	27,65
4	28,19
5	28,61
6	28,91

Der Extraktgehalt war sehr hoch, die Senegawurzel selbst ist im vorigen Jahre im Preise enorm gestiegen; zeitweise war überhaupt keine im Handel zu haben.

Eine uns angebotene Probe Abfälle mit nur 19,47 $^0/_0$ alkoholischem Extrakt und nicht besonders schönem Aussehen wurde beanstandet.

G. Wurzelknollen.

Tubera Jalapae.

(Jalapenwurzel.)

Untersuchungsmethode: nach dem D. A. IV.

Untersuchungsresultate:

Jalapenwurzel kam einmal in Pulverform und einmal als ganze Ware zur Untersuchung. Die erstere ergab nur 8,57%, die letztere 14,45% Harz. Sonst entsprachen beide Sendungen den Anforderungen des D. A. IV.

H. Wurzelstöcke.

Rhizoma Hydrastis.

(Hydrastiswurzel.)

Untersuchungsmethode: siehe Helfenberger Annalen 1897, S. 361 und nach dem D. A. IV.

Untersuchungsresultate:

Im Berichtsjahre kam nur eine Sendung Hydrastiswurzel zur Untersuchung.

Dieselbe ergab

     21,25% alkoholisches Extrakt

     3,02% Alkaloid.

Im Äussern entsprach dieselbe auch den an eine gute Droge zu stellenden Anforderungen.

Wachse.

A. Bienenwachse.

Cera alba pura.

(Reines, weisses Wachs.)

Untersuchungsmethode: siehe Helfenberger Annalen 1897, S. 364 und nach dem D. A. IV., bei letzterem die Bestimmung der S.-Z., E.-Z. und V.-Z. h., welche falsche Resultate gibt, ausgenommen.

Untersuchungsresultate:

Nr.	Spez. Gew. bei 15° C.	Schmelzpunkt ° C.	S. Z.	E. Z.	V. Z. h.	Bemerkungen	
1	0,9697	63,0	21,70	72,50	94,20	E. d. A. d. D. A. IV.	
			22,13	72,07	94,20		
2	0,9680	64,0	21,00	77,65	98,65	„	
3	0,9690	64,0	22,77	73,08	95,85	„	
4	0,9683	63,0—64,0	22,40	72,80	95,20	„	Sodaprobe schlecht aushaltend
5	0,9694	63,0—64,0	21,46	76,54	98,00	„	Weingeistpr. wird stark getrübt
6	0,9658	63,0—64,0	20,53	77,47	98,00	„	„
7	0,9651	63,0	20,53	77,47	98,00	„	„
8	0,9681	64,0	22,40	70,93	93,33	„	Borax- u. Sodaprobe genügten nicht

Beanstandet wurden:

Nr.	Spez.Gew. bei 15⁰ C.	Schmelz- punkt ⁰ C.	S. Z.	E. Z.	V.Z.h.	Bemerkungen
1	0,9510	67,0	14,84	54,88	69,72	E. nicht d. A. d. D. A. IV.
			14,84	54,41	69,25	Sodaprobe wird nicht aus- gehalten, Weingeistprobe wird gut ausgehalten
2	0,9590	—	26,22	46,30	72,52	„
3	0,9445	65,0	13,06	45,74	58,80	E. nicht d. A. d. D. A. IV. Wein- geistpr. w. stark getrübt
4	0,9469	65,0	14,00	49,46	63,46	„
5	0,9610	61,0	21,65	77,28	98,93	E. nicht d. A. d. D. A. IV. Soda- probe wird nicht beson- ders gut ausgehalten
6	0,9520	68,0	21,00	76,72	97,72	E. nicht d. A. d. D. A. IV. weder Soda- noch Weingeistpr. werden ausgehalten

Cera flava cruda.

(Gelbes Rohwachs.)

Untersuchungsmethode: siehe Helfenberger Annalen 1897, S. 362, 363 und nach dem D. A. IV., bei letzterem mit Ausnahme der S.-Z., E.-Z. und V.-Z. h., welche zu niedrig ausfallen.

Untersuchungsresultate:

Nr.	Spez.Gew. bei 15° C.	Schmelz- punkt ° C.	S. Z.	E. Z.	V.Z.h.	Bemerkungen
1	0,9640	64,0—65,0	19,22	76,53	95,75	E. d. A. d. D. A. IV.
2	—	—	19,22	77,08	96,30	„
3	0,9620	64,0—65,0	19,78	76,88	96,66	„
4	0,9620	64,0—65,0	20,10	76,56	96,66	„
5	0,9640	64,0	20,10	77,52	97,62	„
6	0,9640	64,0	20,62	77,00	97,62	„
7	0,9660	—	21,00	76,20	97,20	„
8	0,9640	—	19,70	75,50	95,20	„
9	0,9640	—	20,50	75,20	95,70	„
10	0,9660	—	20,20	74,70	94,90	„
11	0,9660	—	20,20	75,65	95,85	„
12	0,9625	—	20,61	73,47	94,08	„
13	0,9625	—	20,61	73,92	94,53	„
14	0,9623	—	19,60	73,70	93,30	„
15	0,9623	—	19,74	73,56	93,30	„
16	0,9623	—	20,53	73,73	94,26	„
17	0,9620	—	19,74	73,56	93,30	„
18	0,9620	—	19,60	73,70	93,30	„
19	0,9620	—	20,53	73,73	94,26	„
20	0,9623	—	19,60	73,26	92,86	„
21	0,9632	63,0—64,0	19,60	72,80	92,40	„ starke Trübung b.d.Weingeistpr.
22	0,9627	63,0—64,0	19,60	70,93	90,53	„ „
23	0,9627	—	19,60	71,86	91,46	„ „

Nr.	Spez.Gew. bei 15°C.	Schmelz-punkt °C.	S. Z	E. Z.	V.Z.h.	Bemerkungen
24	·0,9620	63,0—64,0	19,60	70,93	90,53	E. d. A. d. D. A. IV.
25	0,9620	—	19,60	71,86	91,46	„
26	0,9620	63,0—64,0	20,53	73,67	94,20	„ weingeistig. Auszug schwach gelb gefärbt.
27	0,9620	—	20,53	73,67	94,20	„ „
28	0,9607	62,0—63,0	20,53	70,93	91,46	„
29	—	64,0—65,0	19,60	71,86	91,46	„ Weingeistprobe stark getrübt.
30	0,9627	64,0	19,60	76,53	96,13	„
31	0,9640	63,0	21,46	75,60	97,06	„

Beanstandet wurden:

Nr.	Spez.Gew. bei 15°C.	Schmelz-punkt °C.	S. Z	E. Z.	V.Z.h.	Bemerkungen
1	—	—	17,73	61,60	79,33	E. nicht d. A. d. D. A. IV.
2	0,9595	63,0—64,0	18,66 18,66	80,27 80,27	98,93 98,93	„ war Marokkowachs, stark gefärbt, hielt aber Soda- und Boraxprobe, sehr aromatisch riechend.
3	—	—	15,58	57,22	72,80	„
4	0,9380	63,0—64,0	13,13	43,80	56,93	E. s. d. A. d. D. A. IV., war mit Ozokerit verfälscht, welches daraus hergestellt und identifiziert wurde. Äusseres normal.
5	0,9380	—	13,13	44,73	57,86	„ „
6	0,9330	63,0—64,0	11,20	36,40	47,60	„ „
7	0,9460	63,0	18,48	69,52	88,00	E. nicht d. A. d. D. A. IV.
8	0,9460	63,0	18,48	71,62	90,10	„
9	0,9460	63,0	18,48	70,52	89,00	„
10	0,9560	—	18,10	70,90	89,00	„ fühlt s. klebrig an.
11	0,9560	—	18,10	71,90	90,00	„ „

B. Pflanzenwachse.

Cera japonica.

(Japanwachs.)

Untersuchungsmethode: siehe Helfenberger Annalen 1897, S. 364.

Untersuchungsresultate:

Nr.	Schmelzpunkt ^{0} C.	S. Z.	E. Z.	V. Z. h.	$^0/_0$ Verlust bei 100^0 C.
1	49,0—50,0	14,93	208,07	223,00	—
2	53,0	15,31	198,39	213,70	2,00
3	53,0	14,74	198,06	212,80	2,60
4	52,0	17,36	199,14	216,50	2,00
5	49,0	13,38	200,16	213,54	1,88
6	50,0—51,0	14,93	207,20	222,13	—
7	50,0—51,0	15,86	204,40	220,26	—
8	50,0—51,0	14,93	205,33	220,26	—
9	50,0—51,0	14,93	206,27	221,20	—
10	53,0	13,44	199,36	212,80	—
11	53,0	13,44	200,48	213,92	—

Beanstandet wurden:

1	51,0	9,33	209,07	218,40	—
2	50,0	42,93	181,07	224,00	—

Sämtliche Proben waren vollständig frei von Stärke. Die Säurezahlen und der Schmelzpunkt lagen durchgehends niedriger als in früheren Jahren.

Weinhefedestillat.

Weinhefedestillat kam im Berichtsjahr nur einmal zur Prüfung. Die Probe zeigte 0,8984 spez. Gew. bei 15° C., war nur schwach gelblich gefärbt, klar und von normalem Geruch und Geschmack.

Zincum oxydatum.
(Zinkweiss, Schneeweiss.)

Untersuchungsmethode: nach dem D. A. IV.

Untersuchungsresultate:

Im Berichtsjahre kamen 10 Fass Schneeweiss zur Untersuchung. Das Schneeweiss stellt in seiner Reinheit eine Zwischenstufe zwischen den beiden Pharmakopoepräparaten dar, indem es dem Zincum oxydatum purum nicht völlig entspricht, andererseits besser ist als gewöhnliches Zincum oxydatum crudum. Wir konnten in unserem Schneeweiss immer deutliche Spuren Chloride, Sulfate und viel Magnesiumverbindungen nachweisen. Mit Schwefelwasserstoff wurde die mit Ammoniak übersättigte essigsaure Lösung des Zinkoxyds stark braun gefärbt. Blei konnte in keiner der 10 Proben nachgewiesen werden.

Zuckerarten.

Flüssige Raffinade.

Untersuchungsmethode: Qualitativ nach den im D. A. IV
an Saccharum gestellten Anforderungen und Bestimmung des Invert- und Rohrzuckers.

Zur Bestimmung des Zuckergehaltes lösen wir 20 g
in 1000 ccm und bestimmen in 25 ccm den Invertzucker
nach Wein unter Benutzung der Tabelle von Meissl
(vergl. E. Schmidt, organ. Chemie, IV. Auflage, S. 902).

Da die flüssige Raffinade des Handels eine in-
vertierte Rohrzuckerlösung darstellt, welche aus unge-
fähr gleichen Teilen Invert- und Rohrzucker besteht,
so inventieren wir einen anderen Teil der obengenannten
Lösung mit Salzsäure nach bekannter Methode vollständig und bestimmen nun in 10 ccm den nach der
Inversion vorhandenen Zucker unter Berechnung nach
der gleichen Tabelle.

Von der Differenz zwischen diesem und dem an-
fänglich vorhandenen Invertzucker ist $^1/_{20}$ abzuziehen,
um die Menge des vorhandenen Rohrzuckers festzustellen.

Untersuchungsresultate:

Nr.	% Invertzucker	% Rohrzucker	Bemerkungen
1	37,52	31,49	Neutral. Spuren Chloride. E. s. d. vom
2	40,57	39,82	D. A. IV. an Saccharum gestellten Anf.

Mannitum.

(Mannit.)

Untersuchungsmethode: nach E. Schmidt, organ. Chemie IV. Aufl. S. 283 u. 284.

Untersuchungsresultate:

Mannit kam im Berichtsjahr dreimal zur Beurteilung und erwies sich immer als frei von Verunreinigungen. Es entsprach den in E. Schmidt's organischer Chemie gestellten Anforderungen.

Saccharum.

(Meliszucker.)

Untersuchungsmethode: nach dem D. A. IV.

Polarisation einer wässerigen Lösung von 7,95 g Zucker zu 100 ccm. Wir benützen einen Halbschatten-Apparat von Mitscherlich; es sind dann die abgelesenen Grade Drehung mit 10 zu multiplizieren, um den $^0/_0$-Gehalt an Rohrzucker zu ermitteln.

Untersuchungsresultate:

Nr.	$^0/_0$ Rohrzucker	Bemerkungen
1	96,0	Entsprach sonst den Anforderungen des D. A. IV.
2	99,0	,,
3	98,0	,,
4	95,2	,,
5	99,0	,,
6	98,0	,,

Nr.	% Rohrzucker	Bemerkungen		
7	99,0	E. s. d. A. d. D. A. IV.		
8	—	„		
9	99,0	,.		
10	—	„		
11	98,0	„		
12	—	„		
13	98,0	„		
14	98,0	„		
15	99,0	..		
16	—	„		
17	—	„		
18	99,0	,.		
19	99,0	.,		
20	—	„		
21	97,0—98,0	„	5 verschiedene Proben	
22	98,0—100,0	„	5 „	„
23	99,0—100,0	„	4 „	„
24	100,0	„	5 „	„
25	99,0—100,0	„	3 „	„

gelber Farin

Nr.	% Rohrzucker	Bemerkungen
1	94,5	nicht vollständig klar löslich, Spuren von Chloriden, deutliche Reaktion auf Calciumverbindungen.
2	95,2	
3	94,5	

Saccharum lactis.

(Milchzucker.)

Untersuchungsmethode: nach dem D. A. IV.

Untersuchungsresultate:

Zwei Sendungen Milchzucker enthielten 1,147 und 1,267$\%$ in Weingeist lösliche Anteile, waren vollständig aschefrei und entsprachen auch sonst den Anforderungen des D. A. IV. Zwei weitere Proben waren nicht völlig geruchlos und in Wasser nicht vollständig klar löslich; die in Weingeist löslichen Anteile blieben aber unter der vom D. A. IV. geforderten zulässigen Höchstgrenze von 1,333 $\%$.

Saccharum pulveratum.

(Puderzucker.)

Untersuchungsmethode: Wie bei Meliszucker S. 137.

Untersuchungsresultate:

Nr.	$\%$ Rohrzucker	Bemerkungen
1	98,00	Entsprach qualitativ den Anforderungen des D. A. IV.
2	99,00	,,
3	—	,,
4	96,00	,,
5	99,00	,,
6	96,50	,,
7	98,00	,,
8	97,00	,,

Traubenzucker.

(Glukose, Stärkezucker.)

Untersuchungsmethode:

Bestimmung der Glukose nach E. Schmidt, organ. Chemie, IV. Auflage, S. 887, ferner der Asche und der Feuchtigkeit.

Untersuchungsresultate:

Nr.	$\%$ Traubenzucker	$\%$ Feuchtigkeit	$\%$ Asche	Bemerkungen
1	67,76	17,91	0,31	Enthielt Ca-Verb., Chloride, Sulfate.
2	69,20	17,62	0,37	„ „ „ „
3	68,76	18,07	0,30	„ „ „ „
4	69,32	14,35	0,28	„ „ „ „
5	74,60	—	—	„ „ „ „
6	72,75	—	—	„ „ „ „
7	74,14	—	0,32	„ „ „ „
8	87,72	—	—	—

Probe Nr. 8 war sogenannter „chemisch reiner" Traubenzucker.

B.

Präparate.

Aqua Amygdalarum amararum.

(Bittermandelwasser.)

Untersuchungsmethode: nach dem D. A. IV.

Untersuchungsresultate:

Nr.	Spez. Gew. bei 15° C.	25 ccm verbrauchten x ccm $\frac{n}{10}$ AgNO$_3$	Bemerkungen	
1	0,9755	4,80	E. s. d. A. d. D. A. IV.	
2	0,9750	4,80	,,	
3	0,9750	4,80	,,	
4	0,9770	4,80	,,	
5	0,9740	4,70	,,	etwas trübe
6	0,9760	4,70	,,	

Beanstandet wurde:

1	0,9753	4,85	,.	

Aqua Amygdalarum amararum duplex.

(Doppelt starkes Bittermandelwasser.)

Untersuchungsmethode: nach dem D. A. IV.

Aqua Amygd. amarar. dupl. muss mit dem gleichen Gewicht Wasser verdünnt ein dem D. A. IV. entspr. Präparat geben.

Untersuchungsresultate:

Von doppelt starkem Bittermandelwasser kam im Berichtsjahre nur eine Probe zur Untersuchung. Dieselbe war zu schwach, es verbrauchten 25 ccm nur 8,40 ccm $\frac{n}{10}$ AgNO$_3$; das spez. Gewicht betrug 0,973 bei 15° C. Diese Fabrikation musste, weil im Gehalt zu schwach, durch Verdünnen in das Präparat des Arzneibuchs umgewandelt werden.

Wir haben die Fabrikation des doppelt starken Wassers für das Inland aufgegeben, da das Präparat bei den unzutreffenden Forderungen des D. A. IV. in Bezug auf spez. Gewicht und Alkoholgehalt des einfachen Wassers nicht immer dauernd haltbar hergestellt werden konnte. Auch ist die Ergiebigkeit der Kuchen nicht immer für die Herstellung eines doppelt starken Präparates genügend.

Brausende Fette und Öle.

(D. R.-Pat. Nr. 109446.)

Die brausenden Fette und Öle nach Dr. K. Dieterich-Helfenberg haben, wie in den Vorjahren, an allgemeinem Interesse zugenommen und einen grossen Konsum zu verzeichnen.

Wir stellen jetzt her:

brausende Lebertrane,

brausenden künstlichen Lebertran,

brausendes Ricinusöl,

brausendes Olivenöl,

brausendes Phosphoröl.

Den in der Literatur und den an uns privatim ergangenen Mitteilungen zufolge lassen sich die Vorzüge dieser brausenden Öle nachstehend zusammenfassen:

1. grössere Haltbarkeit,
2. besserer Geschmack,
3. leichtere Resorbierbarkeit.

Wir verweisen auf folgende Literatur:

Medizinische Woche 1900, Nr. 36,
Helfenberger Annalen 1900 und 1901,
Therapeutische Monatshefte 1901, Dezemberheft,
Pharmaceutische Zeitung 1901, Nr. 83,
Pharmaceutische Zeitung 1902, Nr. 17.

Chartae.
(Papiere.)

Chartae exploratoriae.
(Reagenspapiere.)

Untersuchungsmethode: siehe Helfenberger Annalen 1897, S. 367.

Untersuchungsresultate:

Charta exploratoria	Nr.	Empfindlichkeit gegen NH_3
Curcumapapier		
auf Filtrierpapier in Bogen	1	1 : 20000
„ „ „ „	2	1 : 10000
„ „ „ „	3	1 : 20000
„ Postpapier, einseitig, in Bandform	1	1 : 10000
„ „ „ „ „	2	1 : 15000
„ „ „ „ Bogen	1	1 : 20000
„ „ „ „ „	2	1 : 10000
„ „ zweiseitig „ „	1	1 : 10000
Lackmuspapier, rot		
auf Filtrierpapier, in Bandform	1	1 : 40000
„ „ „ „	2	1 : 30000
„ „ „ „	3	1 : 20000
„ „ „ „	4	1 : 20000
„ „ „ Bogen	1	1 : 20000
„ „ „ „	2	1 : 40000
„ „ „ „	3	1 : 30000
„ „ „ „	4	1 : 50000
„ „ „ „	5	1 : 40000

Charta exploratoria	Nr.	Empfindlichkeit gegen NH_3
auf Filtrierpapier, in Bogen	6	1 : 20000
,, ,, ,, ,,	7	1 : 20000
,, ,, ,, ,,	8	1 : 20000
,, ,, ,, ,,	9	1 : 30000
,, ,, ,, ,,	10	1 : 40000
,, ,, ,, ,,	11	1 : 30000
,, ,, ,, ,,	12	1 : 20000
,, Postpapier, einseitig, in Bandform	1	1 : 40000
,, ,, ,, ,, ,,	2	1 : 30000
,, ,, ,, ,, ,,	3	1 : 40000
,, ,, ,, ,, Bogen	1	1 : 30000
,, ,, ,, ,, ,,	2	1 : 40000
,, ,, ,, ,, ,,	3	1 : 60000
,, ,, ,, ,, ,,	4	1 : 50000
,, ,, ,, ,, ,,	5	1 : 30000
,, ,, zweiseitig ,, ,,	1	1 : 20000
,, ,, ,, ,, ,,	2	1 : 30000
,, ,, ,, ,, ,,	3	1 : 40000
,, ,, ,, ,, ,,	4	1 : 40000
Phenolphthaleïn-Papier		
auf Filtrierpapier, in Bandform	1	1 : 10000
,, ,, ,, ,,	2	1 : 20000

Charta exploratoria	Nr.	Empfindlichkeit gegen SO_3
Congorotpapier		
auf Filtrierpapier, in Bogen	1	1 : 10000
,, ,, ,, ,,	2	1 : 5000
,, ,, ,, ,,	3	1 : 20000

Charta exploratoria	Nr	Empfindlichkeit gegen SO_3
auf Postpapier, einseitig, in Bandform	1	1 : 10000
„ „ „ „ „	2	1 : 20000
„ „ „ „ Bogen	1	1 : 20000
„ „ „ „ „	2	1 : 10000
„ „ zweiseitig „ „	1	1 : 5000
„ „ „ „ „	2	1 : 10000
Lackmuspapier, blau		
auf Filtrierpapier, in Bandform	1	1 : 20000
„ „ „ „	2	1 : 30000
„ „ „ „	3	1 : 20000
„ „ „ „	4	1 : 40000
„ „ „ „	5	1 : 30000
„ „ „ Bogen	1	1 : 20000
„ „ „ „	2	1 : 30000
„ „ „ „	3	1 : 40000
„ „ „ „	4	1 : 50000
„ „ „ „	5	1 : 40000
„ „ „ „	6	1 : 50000
„ „ „ „	7	1 : 40000
„ „ „ „	8	1 : 30000
„ „ „ „	9	1 : 40000
„ „ „ „	10	1 : 30000
„ „ „ „	11	1 : 40000
„ „ „ „	12	1 : 20000
„ Postpapier, einseitig, in Bandform	1	1 : 40000
„ „ „ „ „	2	1 : 30000
„ „ „ „ „	3	1 : 20000
„ „ „ „ „	4	1 : 20000
„ „ „ „ Bogen	1	1 : 30000
„ „ „ „ „	2	1 : 40000
„ „ „ „ „	3	1 : 20000
„ „ zweiseitig „ „	1	1 : 10000
„ „ „ „ „	2	1 : 20000
„ „ „ „ „	3	1 : 30000

Chartae exploratoriae neutrales.

(Neutrale Reagenspapiere.

Untersuchungsmethode: Dieselbe wie bei Charta exploratoria, nur wird gleichzeitig auf die Empfindlichkeit gegen Säuren und Alkalien geprüft.

Untersuchungsresultate:

Charta exploratoria	Nr.	Empfindlichkeit gegen NH_3	Empfindlichkeit gegen SO_3
Lackmuspapier neutral			
auf Filtrierpapier, in Bogen	1	1 : 80000	1 : 100000
„ „ „ „	2	1 : 80000	1 : 100000
„ „ „ „	3	1 : 100000	1 : 100000
„ Postpapier, einseitig, in Bogen	1	1 : 80000	1 : 100000
„ „ „ „ „	2	1 : 100000	1 : 100000
„ „ zweiseitig, „ „	1	1 : 80000	1 : 100000
„ „ „ „ „	2	1 : 100000	1 : 100000

Als Ersatz des neutralen Lackmuspapieres verwendbar, da auf Alkalien und Säuren reagierend:

Duplitest			
Wortmarke und D. R.-P. Nr. 123666			
rotes und blaues Lackmuspapier nebeneinander			
auf Postpapier, einseitig in Bandform	1	1 : 30000	1 : 20000
„ „ „ „ „	2	1 : 20000	1 : 20000
„ „ „ „ Bogen	1	1 : 30000	1 : 30000
„ „ „ „ „	2	1 : 30000	1 : 20000

Chartae exploratoriae diversae.

(Verschiedene Reagenspapiere.)

Untersuchungsmethode: Wir prüfen qualitativ auf die entsprechende Reaktionsfähigkeit.

Untersuchungsresultate:

Nr.	Charta exploratoria	Art der Prüfung der Empfindlichkeit	Empfind-lichkeit
1	Bleipapier zum Nachweis von Schwefelwasserstoff, auf Filtrierpapier, in Bogen	Mit Schwefelwasserstoffgas oder Schwefelwasserstoffwasser: Schwärzung	normal
	Eiweissreagenspapier zum Nachweis von Eiweiss im Harn	Mit einer sehr verdünnten Eiweisslösung: Deutliche Fällung.	
2	Nr. I auf Filtrierpapier i. Bogen	Müssen zusammen geprüft werden	„
3	„ II „		„
4	Phenolphthaleïn-Polpapier zum Nachweis des negativen Pols, auf Filtrierpapier, in Bandform	Mit einem Strom von 1—2 Volt Spannung wird das feuchte Papier behandelt: Deutliche Rotfärbung am negativen Pol	„
5	Stärkepapier z. Nachweis freien Jods, auf Postpapier, zweiseitig, in Bogen	Mit Jodwasser: Bläuung	„

Nr.	Charta exploratoria	Art der Prüfung der Empfindlichkeit	Empfindlichkeit
6	Stärke-Jodkali-Papier, auf Postpapier, einseitig, zum Nachweis von freiem Chlor, Brom, Wasserstoffsuperoxyd, überhaupt von allen aus Jodkalium das Jod ausscheidenden Verbindungen	Mit Chlor- od. Bromwasser: Deutliche Bläuung	normal
7	Tonfixierpapier, Toncit, Charta photographica, auf Filtrierpapier, in 4 verschiedene Formate geschnitten z. Tonen von Bildern. hauptsächlich für Amateurphotographen als Ersatz der Tonfixierbäder	Probeweises Tonen einer photographischen Aufnahme und Bestimmung des im Papier enthaltenen Thiosulfates. 50 □ cm werden mit Wasser extrahiert und unter Zusatz von einigen Tropfen Stärkelösung mit $\frac{n}{10}$ Jodkaliumlösung titriert, der Umschlag erfolgt, durch den Bleigehalt verursacht, in Grün nicht in Blau. Die verbrauchten ccm $\frac{n}{10}$ Jodlösung werden durch Multiplikation mit 0,024832 auf Thiosulfat umgerechnet	Probe-Tonung gut. 1. 11,75 ccm $\frac{n}{10}$ J $= 0,60\,\%$ $Na_2S_2O_3$ $+ 5$ aq 2. 14,70 ccm $\frac{n}{10}$ J $= 0,72\,\%$ $Na_2S_2O_3$ $+ 5$ aq
8	Zuckerreagenspapier z. Nachweis von Traubenzucker im Harn A auf Filtrierpapier in Bogen	Mit einer sehr verdünnten Traubenzuckerlösung: Entfärbung oder sogar Fällung von Cu_2O verursacht.	normal
9	B „	Müssen zusammen geprüft werden	„

Charta sinapisata.

(Senfpapier.)

Untersuchungsmethode: siehe Helfenberger Annalen 1897, S. 367, 368, die Senfölbestimmung nach der modifizierten E. Dieterich'schen Methode wie unter Semen Sinapis angegeben, oder nach dem D. A. IV.

Untersuchungsresultate:

Charta sinapisata	Nr.	g Senfmehl auf 100 □cm	% Senföl auf Mehl berechnet, titriert	Berechnung nach dem D. A. IV. g Senföl auf 100 □cm (mindestens 0,011898 g)
Feines Senfmehl	1	2,674	1,480	0,039575
„	2	2,150	1,100	0,023650
„	3	2,630	1,390	0,026557
„	4	2,700	1,370	0,036990
„	5	2,450	1,170	0,028665
„	6	2,100	1,250	0,026250
„	7	2,450	0,850	0,020825
„	8	2,230	1,040	0,023192
„	9	2,880	1,073	0,030902
„	10	2,768	1,253	0,034683
„	11	2,900	0,906	0,026270
Grobes Senfmehl	1	2,320	0,730	0,016936
„	2	2,900	0,906	0,026270
„	3	2,803	1,370	0,038401
„	4	2,520	1,690	0,042588
„	5	3,000	1,270	0,038100
„	6	2,930	1,070	0,031351
„	7	2,420	0,610	0,014762

Eigone.

Jod- und Brom-Eigone.

(Jod- und bromwasserstoffsaure Eiweißkörper.)

Untersuchungsmethode: nach K. Dieterich, siehe Helfenberger Annalen 1900, S. 253 und 254, Jod- und Bromgehalt siehe Helfenberger Annalen 1901, S. 163 und 164.

Untersuchungsresultate:

Von sämtlichen hier hergestellten Jod- und Brom-Eigonen untersuchten wir im Berichtsjahre je ein Durchschnittsmuster mehrerer Fabrikationen. Nachstehend die Resultate:

Jod-Eigon, Albumen jodatum
      ca. 20 % J . . . . gefunden: 18,58 % J
Jod-Eigon-Natrium, Natrium jodoalbuminatum
      ca. 15 % J . . . .   „   14,80 % J
Pepto-Jod-Eigon, Peptonum jodatum
      ca. 15 % J . . . .   „   17,42 % J
Brom-Eigon, Albumen bromatum
      ca. 11 % Br . . . .   „   10,16 % Br
Pepto-Brom-Eigon, Peptonum bromatum
      ca. 11 % Br . . . .   „   10,85 % Br

Emplastra.

(Pflaster.)

Untersuchungsmethode: siehe Helfenberger Annalen 1897, S. 368.

Untersuchungsresultate:

Emplastrum	Nr.	% Verlust bei 100° C.
adhaesivum D. A. IV. in massa	1	2,30
„ „ „	2	3,10
„ „ „	3	2,85
„ „ in bacillis	1	3,40
„ „ „	2	3,25
„ „ mite in bacillis	1	2,55
„ „ „	2	2,45
„ „ „	3	2,85
„ „ „	4	2,00
Lithargyri simplex in massa	1	2,35
„ „	2	2,50
„ „	3	3,25
„ „	4	3,00
„ „	5	2,95
„ „	6	2,98
„ in bacillis	1	4,25
„ „	2	4,95
„ „	3	3,57
„ „	4	3,25
Lithargyri compositum in massa	1	3,25
„ „	2	3,48
„ „	3	4,20

Emplastrum	Nr.	% Verlust bei 100° C.
Lithargyri compositum in bacillis	1	3,54
„ „	2	3,60
„ „	3	3,22
Cerussae in bacillis	1	2,90
„ „	2	2,15
saponatum album in bacillis	1	5,55
„ „	2	6,00
„ „	3	5,10
„ „	4	4,90
saponatum rubrum in bacillis	1	4,40
„ „	2	4,85

Glücksmann und Firbas haben in der Pharmaceutischen Centralhalle 1900 Nr. 7, S. 93 und 1902 Nr. 13, S. 172 eine Methode angegeben, um sowohl im Quecksilberpflaster als auch in Quecksilbersalben das Quecksilber zu bestimmen. Das Verfahren ist kurz folgendes:

5 g Pflaster oder Salbe werden mit 75 ccm Salpetersäure erst im Wasserbade, dann über freier Flamme gekocht, bis alles Quecksilber gelöst ist. Hierauf wird etwas verdünnt, filtriert, gut ausgewaschen, und schließlich auf 500 ccm aufgefüllt. 100 ccm dieser Lösung werden mit einigen ccm Salzsäure versetzt und nun 50 ccm einer 10%igen Kaliumhypophosphitlösung hinzugesetzt. Das Quecksilber scheidet sich hierdurch sofort als Quecksilberchlorür aus, welches abfiltriert wird. Das Auswaschen des Niederschlags soll mit kochendem Wasser so lange fortgesetzt werden, bis bei Verwendung von kaltem Wasser mit Silbernitrat keine Chloride mehr nachweisbar sind. Nun wird der Kalomel mit Filter in eine Glasstöpselflasche gebracht, 2 g Jodkalium und 50 ccm $\frac{n}{10}$ Jodjodkaliumlösung hinzugefügt, wodurch in einigen Minuten

Lösung eintritt. Darauf wird das überschüssige Jod mit $\frac{n}{10}$ Natriumthiosulfat zurücktitriert und aus dem verbrauchten Jod das Quecksilber berechnet; 1 ccm $\frac{n}{10}$ J entspricht 0,02 g Hg. Wir untersuchten mit dieser Methode zwei verschiedene Proben Empl. Hydrargyri in massa, eine Probe Emplastrum Hydrargyri in bacillis und eine Probe Ungt. Hydrargyri cinereum D. A. IV.

Nachstehend die Resultate:

Empl. Hydrargyri cinereum in masse I	= 17,20—17,40 % Hg
„ „ „ „ „ II	= 19,00—19,24 % Hg
„ „ „ „ bacillis	= 17,11—17,30 % Hg
Ungt. „ „ D. A. IV.	= 34,14 % Hg
„ „ „ „ (n. uns. Meth.)	= 33,22 % Hg

Nach unseren damit gemachten Erfahrungen können wir diese Methode nur empfehlen, wo es auf exakte Analysen-Resultate ankommt; nur muss man darauf sehen, dass die zu Anfang hergestellte salpetersaure Quecksilberlösung genügend sauer bleibt, damit sich dieselbe nicht durch Ausscheidung basischer Nitrate trübt. Besonders für das Quecksilberpflaster, für welches bis jetzt keine schnell zum Ziele führende analytische Methode existierte, sei obengenannter Analysengang empfohlen; zur Untersuchung von Salben wenden wir aber nach wie vor unsere eigene Methode an, da sich dieselbe zur schnellen Bestimmung des Quecksilbers bei Fabrikations-Prüfungen bedeutend besser eignet, wenn wir auch zugeben müssen, dass bei unserer Methode geringe Verluste an Quecksilber unvermeidlich sind.

Um zu konstatieren, ob der geringere Quecksilbergehalt des Pflasters etwa an einem höheren Feuchtigkeitsgehalt des letzteren lag, bestimmten wir denselben, indem wir 1,1477 g Empl. Hydrargyri auf einem flachen Uhrgläschen bis zum Schmelzen erwärmten und 8 Tage im Exsikkator beliessen; hierbei betrug der Verlust 0,2 %; dann trockneten wir $1\frac{1}{2}$ Std. bei 100° C, dabei betrug der Verlust 0,68 %, welcher sich nach 24 und 48 Stunden auf 2,79 resp. 3,00 % erhöhte.

Extracta.

Extracta fluida.

(Fluidextrakte.)

Untersuchungsmethode: siehe Helfenberger Annalen 1897, S. 368, 369, 370 und nach dem D. A. IV.

Untersuchungsresultate:

Extractum — fluidum	Nr.	Spez.Gew. b. 15⁰ C.	% Trockenrückstand b. 100⁰ C.	% Asche	Besondere Bestimmungen	Kapillar-Analyse nach Kunz-Krause
Cascarae Sagradae	1	1,055	19,57	0,62	—	normal
„ „ examaratum	1	1,013	19,23	1,33	—	„
Condurango D.A.IV.	1	1,051	18,33	1,30	—	„
Frangulae „	1	1,015	11,87	0,40	—	„
„ examaratum	1	1,000	12,43	0,65	—	„
Hydrastis Canadensis D.A.IV.	1	0,989	21,35	0,72	2,66 % Alkaloid	„
Secalis cornuti „	1	1,051	14,46	1,99	—	„

Im Berichtsjahre untersuchten wir ein englisches Kaffeeextrakt,

Extr. Coffeae.

Concentrated essence of turkey coffee

von Grosse & Mackwell, London.

Nachstehend die Resultate:

Spez. Gew. b. 15⁰ C. 1,165

„ „ „ „ „ des Destillates 1,000

Koffeïn nach der Methode von K. Dieterich bestimmt 0,044%

Verlust bei 100⁰ C. 33,86%

Trockenrückstand bei 100⁰ C. 66,14%

Im Destillat war Spiritus nicht nachweisbar, ebensowenig war im Extrakte weder Glycerin, Salicylsäure noch Kochsalz vorhanden.

Zur Haltbarmachung war die Gegenwart sehr geringer Mengen Borsäure sehr wahrscheinlich, jedoch liess sich dieselbe nicht absolut sicher nachweisen.

Seit neuerer Zeit bringen wir ebenfalls ein konzentriertes Kaffeeextrakt in den Handel, welches, um es vor dem Verderben zu schützen, unter Kohlensäure-Druck abgefüllt wird.

Nachstehend teilen wir die Resultate einer Analyse desselben mit, welche eine Durchschnittsprobe einer grösseren Fabrikation darstellte:

$$\text{Trockenrückstand bei } 100^0 \text{ C} \ldots \ldots 16{,}21 \, \%$$
$$\text{Asche} \ldots \ldots \ldots \ldots \ldots \ldots 2{,}73 \, \%$$
$$\text{Gesamtkoffeïn nach K. Dieterich bestimmt } 0{,}565\%$$

Fett war nur in sehr geringer Menge vorhanden. Der Bodensatz, welcher sich bei längerem Stehen bildet, bestand aus niedergeschlagenen Salzen (reichlich Calcium-Verbindungen), Farbstoff und Fett. Koffeïn war im Rückstand nicht nachzuweisen.

Bei der Untersuchung verschiedener Kaffeesorten des Handels mit verschiedenen Preisen bestimmten wir nur das wässerige Extrakt des Kaffees, indem wir denselben mit heissem Wasser bis zur Erschöpfung extrahierten; nur in einem Falle machten wir auch eine Koffeïnbestimmung.

	1 kg $\mathcal{M}$	% wässeriges heissbereitetes Extrakt	% Koffeïn
Coffea tosta I	4,60	27,29	0,28—0,31
„ „ II	3,00	27,86	—
„ „ III	2,80	27,24	—
„ „ IV	2,60	26,75	—

Extracta solida.

(Dauerextrakte.)

Untersuchungsmethode:

Bestimmung:
- a) des Wassergehaltes }
- b) der Asche } nach bekannten Methoden.
- c) der Löslichkeit im Wasser im Verhältnis $1 + 99$.
- d) der Identität.

Untersuchungsresultate:

Extractum — solidum	Nr.	% Feuchtigkeit	% Asche	Löslichkeit in Wasser, Geschmacksprüfung
Chinae	1	5,55	1,35	trübe, normal
„	2	6,70	1,30	„ „
Colombo	1	2,90	2,65	etwas trübe, normal
Digitalis	1	5,95	6,40	klar, „
„	2	4,70	5,80	„ „
Ipecacuanhae	1	2,70	0,60	„ „
„	2	3,00	0,55	„ „
„	3	3,75	0,75	„ „
Rhei	1	3,80	2,50	„ „
Secalis cornuti	1	6,70	2,40	„ „
Senegae	1	3,10	1,75	„ „
„	2	4,75	2,20	„ „
„	3	6,20	1,40	„ „
Sennae	1	3,90	4,90	„ „
Uvae Ursi	1	4,50	3,00	„ „

Extracta spissa et sicca.

(Dicke und trockene Extrakte.)

Untersuchungsmethode: siehe Helfenberger Annalen 1897,
S. 371—374 und nach dem D. A. IV. (Bei Extr. Opii
verfahren wir nach E. Dieterich, titrieren jedoch das
gewichtsanalytisch gewonnene Morphin nach dem
D. A. IV. in einem zweiten Versuch.

Untersuchungsresultate:

Extractum	Nr.	% Feuchtigkeit	% Asche	Besondere Bestimmungen
Absinthii D. A IV.	1	22,50	18,81	—
„ „	2*	36,90	15,06	—
„ „	3	21,50	18,70	—
Aurantii corticis Ph. G. I.	1	24,49	3,73	—
„ „ „	2	24,06	4,44	—
„ „ „	3	25,07	4,59	—
„ „ „	4	23,65	3,89	—
Belladonnae spisssum D. A. IV.	1	14,74	23,18	% Alkaloid 1,540
„ „ „	2	16,39	24,16	1,804
„ „ „	3*	14,05	24,73	1,440
„ siccum	1	7,75	15,63	—
„ spissum Ph. A. VII.	1	18,70	15,66	2,480—2,750
„ „ „	2	18,01	12,69	2,510
„ „ Ph. Croat.	1	—	—	1,703
Cannabis indicae	1	10,17	2,87	—
Chinae spirituosum D. A. IV.	1	6,17	4,25	12,720
Ferri pomati „	1	29,71	16,40	7,70 % Fe
„ „ „	2	29,12	12,29	6,85 „
Frangulae aquosum	1	28,82	3,16	—

*) Die mit * bezeichneten Extrakte sind beanstandet.

Extractum	Nr.	% Feuchtigkeit	% Asche	Besondere Bestimmungen
Gentianae D. A. IV.	1	20,19	4,70	—
„ „	2	16,84	4,50	—
				% Alkaloid
Hyoscyami spissum Ph. A. VII.	1	15,04	17,60	1,840,—1,850
„ „ Ph. Croat.	1	—	—	0,832
				% Glycyrrhicin
Liquiritiae radicis aquosum	1	31,50	5,04	22,08
„ „ „	2	28,80	6,03	20,20
„ „ spirit.	1	32,25	6,13	13,06
„ „ „	2	32,41	6,43	12,35
Malti purum, hell	1	22,80	1,38	56,08
„ „ „	2	24,45	1,59	60,96
„ „ „	3	21,16	1,49	54,40
„ „ „	4	21,70	1,86	54,00
„ „ „	5	24,01	1,66	49,20
„ „ „	6*	23,64	1,44	41,20—42,12
„ „ „	7	23,55	1,49	59,04
„ „ „	8	20,61	1,51	56,56
„ „ „	9*	29,64	1,48	53,52
„ „ „	10	25,10	1,19	54,80
„ „ dunkel	1	19,40	1,48	53,44
				% Morphin
Opii D. A. IV.	1*	4,13	—	16,62—17,10
„ „	2*	6,04	4,02	16,15—16,53
„ „	3*	—	—	16,30—16,55
„ „	4*	3,78	4,88	15,96—16,10
„ „	5	4,11	—	20,53-20,82 D.A.IV 20,83—20,96 E.D.
				in Wasser
Rhei alkalinum	1	11,58	23,41	vollstd. löslich
„ „	2	7,13	23,86	„ „
„ „	3	8,50	21,55	„ „
„ „	4	7,22	26,73	„ „
„ D. A. IV.	1	10,49	9,13	—

Extractum	Nr.	% Feuchtigkeit	% Asche	Besondere Bestimmungen
Secalis cornuti D. A. IV.	1	23,06	10,50	—
„ „ „	2	26,59	11,32	—
„ „ „	3	20,51	10,74	—
				% Alkaloid
Strychni spirit. spissum Ph. A. VII.	1	20,21	3,74	22,81
„ „ „ „	2	19,75	3,52	19,88
				% Weinsäure
Tamarindorum ad Decoctum	1	26,50	1,71	18,19
„ „ „	2	27,78	2,53	21,20
„ „ „	3	27,11	2,43	22,12
„ compositum	1	27,91	2,73	3,00
„ „	2	26,06	2,32	3,18
„ „	3	22,03	2,17	3,00
„ partim saturatum	1	35,31	11,27	9,00
„ „ „	2	25,87	10,05	8,43
„ „ „	3	32,24	9,87	8,62
Trifolii fibrini D. A. IV.	1	21,42	18,38	—

Die mit * bezeichneten Extrakte sind zu beanstanden.

Milch - Malz - Extrakt.

Aus zahlreichen Versuchen, die Nährkraft der Milch und die des Malzextraktes zu vereinigen, sind wir zu einem Präparat gelangt, welches an und für sich nicht vollständig neu ist, insofern, als ein mit Milch versetztes Malz schon im alten Hager erwähnt wurde, welches aber doch sehr schwierig auszuarbeiten war, da brauchbare Verfahren, ein haltbares Milchmalzextrakt keimfrei und in trocknem Zustande herzustellen, nicht existierten. Unter Nr. 134697 ist uns ein deutsches Reichspatent geschützt: „Verfahren zur Herstellung eines keimfreien, diastasereichen Nährpräparates aus Malzauszügen und Milch“, nach dem wir unser Milch-Malz-Extrakt herstellen und zwar in trockner Form, unter dem Namen „Robuston“ in den Handel bringen. Um über die Herstellung selbst ein kurzes Bild zu geben, sei der Patentanspruch in seiner Fassung wörtlich wiedergegeben:

„Verfahren zur Herstellung eines keimfreien, diastasereichen Nährpräparates aus Malzauszügen und Milch“ dadurch gekennzeichnet, dass man einen durch Digestion bei etwa 60⁰ C. gewonnenen diastasereichen Malzauszug sterilisiert, den Malzrückstand zwecks Gewinnung der Extraktstoffe bei etwa 100⁰ C. mit Wasser behandelt, dieses Extrakt mit Milch vermischt, das Gemisch sterilisiert und eindampft, worauf das so erhaltene Produkt mit dem diastasereichen, sterilisierten Malzauszug vermengt und das Ganze im Vacuum bei niedriger Temperatur in bekannter Weise eingedampft wird.

Der Hauptwert liegt also darin, dass in dem Endprodukt möglichst alle Bestandteile der Milch und des Malzextraktes unverändert wiedergefunden werden können. Wir haben darum dieses Milchmalzextrakt selbst analysiert und haben auch Herrn Nahrungsmittelchemiker Dr. Hefelmann in Dresden um mehrere Analysen gebeten. Die ersten Analysen von Herrn Dr. Hefelmann ergaben folgende Zahlen:

	I.	II.
Wasser	19,30%	23,82%
Maltose und Milchzucker*) . .	56,70 „	56,34 „
Dextrine	12,12 „	7,01 „
Eiweiss	5,75 „	7,56 „
Fett	1,59 „!	1,99 „!
Mineralstoffe	1,96 „	2,62 „.
Phosphorsäure	0,54 „	0,77 „
Freie Milchsäure	0,52 „	0,62 „

*) Die Trennung von Maltose und Milchzucker ist mit Sicherheit nicht durchzuführen.

Herr Dr. Hefelmann konstatierte noch, dass das Milchmalzextrakt frei von Tuberkel- und anderen Bazillen war, dass es also als steril angesprochen werden musste. Merkwürdigerweise konnte aber durch die Analysen weder von Herrn Dr. Hefelmann noch von uns diejenige Menge Fett wieder gefunden werden, die nach der Berechnung unter Rücksicht auf die angewandte Milch hätte gefunden werden müssen. Bei der von uns angewandten Menge Milch war nämlich 6—7% Fettgehalt zu erwarten, wenn man den Durchschnittsgehalt der Milch zu 3% annimmt. Herr Dr. Hefelmann hat aber nur in beiden Fällen gegen $1^1/_2$ und 2% gefunden. Wir selbst, wie aus den folgenden Bestimmungen hervorgeht, haben ebenfalls nur geringe Mengen Fett konstatiert. Es gab diese Differenz Veranlassung, der Frage der Fettbestimmung im Milchmalzextrakt näher zu treten, da unter der Voraussetzung, dass die Milch in das Milchmalzextrakt hineinverarbeitet worden war, auch das Fett wiedergefunden werden musste. Wie aus den nachfolgenden Fettbestimmungen, die von Herrn Apotheker Müller im hiesigen Laboratorium ausgeführt wurden, hervorgeht, ist das Fett auch tatsächlich im Milchmalz vorhanden, nur versagt die gewöhnliche Fettbestimmungsmethode, da eine Einwirkung der Bestandteile des fertigen Milchmalzextraktes auf einander wahrscheinlich durch eine festere Bindung des Fettes die Extraktion auf gewöhnlichem Wege nicht zulässt. Wie aus den nachfolgenden Bestimmungen hervorgeht, ist nur die Methode von Dormeyer (Chemiker-Zeitung 1902, Nr. 11) zu gebrauchen, um das Fett vollständig wieder zu gewinnen:

Fettbestimmung im Milchmalzextrakt.

Zur Bestimmung des Fettes in einem Milchmalzextrakt, welches der Berechnung nach ca. 7 % enthalten sollte, wurden 20 g mit gereinigtem Sand gemischt, scharf getrocknet und 5 Stunden lang im Soxhlet

1. mit Äther (0,720 Spez. Gew. b. 15° C. extrahiert. Es wurden 0,73 % sehr unangenehm riechendes und stark sauer reagierendes Fett erhalten;
2. eine zweite Probe ebenso mit Petroläther behandelt, ergab 0,56 % geruchloses, nicht sauer reagierendes Fett;
3. eine neue Probe, in derselben Weise mit Chloroform extrahiert, ergab 0,82 % geruchloses, nicht sauer reagierendes Fett.

Zum Vergleiche wurde reines Malzextrakt auf genau dieselbe Weise behandelt; bei Verwendung von Äther resultierten 0,24 % stark sauer reagierendes und sehr unangenehm riechendes Fett. Bei Benutzung von Petroläther dagegen wurden nur 0,042 % Fett erhalten, das jedoch sehr rein und geruchlos war.

Milchmalzextrakt, aus einer neuen Fabrikation herrührend, ergab nach obiger Arbeitsweise bei Verwendung von Äther 0,98 % schwach sauer reagierendes und unangenehm riechendes Fett, bei Verwendung von Petroläther 0,82 % neutrales, reines Fett. Milchmalzextrakte anderer Fabrikationen ergaben 1,15 % und 2,52 % Fett.

Nach dieser Methode lässt sich demnach der Fettgehalt im Milchmalzextrakt nicht bestimmen, deshalb wurden andere Verfahren versucht. Um zu sehen, wie sich nach Schmidt-Boudzynski Fett aus Malzextrakt ausziehen lässt, wurde Malzextrakt einmal mit 8 % und ein anderes Mal mit 10 % Schweinefett versetzt und nach dieser Methode bestimmt. Die Resultate waren 8,67 % und 10,26 %, also ungenau. Die ganze Arbeit mit der schmierigen Masse liess schon wenig Hoffnung auf ein gutes Resultat aufkommen. Trotzdem wurde eine

Bestimmung in (7 %, haltigem) Milchmalzextrakt ausgeführt und nur 4,48%, Fett erhalten.

Eine in der süddeutschen Apothekerzeitung mitgeteilte Fettbestimmungsmethode in Milch wurde gleichfalls versucht und 10 g Milchmalzextrakt mit 10 g Natrium sulfuric. sicc. innigst gemischt. Auch bei grösserem Zusatz wurde keine trockene Masse erhalten, was bei Milch der Fall ist. Bei versuchsweise vorgenommenem Zusammenreiben von Natr. sulf. sicc. mit Milch wurde tatsächlich eine absolut trockene Masse erhalten, die direkt zur Extraktion geeignet schien.

Nach einer anderen Vorschrift wurden 50 g Milchmalzextrakt in 200 g Wasser gelöst, 5 g Weinsäure zugesetzt, im Scheidetrichter auf zweimal mit einer Mischung von 500 g Äther und 250 g starken Alkohol ausgeschüttelt und beim zweiten Mal 20 g Kochsalz zugefügt, das Filtrat durch Destillation von Äther-Alkohol getrennt und auf dem Dampfbade möglichst eingeengt. Nach Zufügen von Äther wurde über scharf getrocknetes Kochsalz filtriert, mit Äther ausgewaschen und das Filtrat im gewogenen Kölbchen bis zur Constanz getrocknet. Es wurden 5,23%, nicht sehr reines Fett erhalten.

Erst die Befolgung der von Beger in Nr. 11 der Chem. Zeitung 1902 angegebenen Fettbestimmungsmethode nach Dormeyer lieferte günstige, nach den seitherigen schlechten Erfahrungen sogar überraschend günstige Resultate:

Es wurden 5 g Milchmalzextrakt und 5 g Pepsin in Wasser gelöst, 20 ccm 25%, Salzsäure zugesetzt, mit Wasser auf 500 ccm aufgefüllt und 24 Stunden bei 37—40° C. stehen gelassen. Nach dieser Zeit wurde filtriert und das Filtrat zweimal mit Äther ausgeschüttelt. Der Filterrückstand wurde nach dem Trocknen im Soxhlet mit Äther extrahiert, dieses Ätherextrakt mit dem zum Ausschütteln verwendeten Äther gemischt und derselbe abgezogen.

Nach dem Trocknen blieben 5,23 %, Fett. Reines Malzextrakt auf dieselbe Art behandelt, lieferte 0,68%, Fett, so dass in dem Milchmalzextrakt 5,23—0,68 = 4,55%, Milchfett vorhanden waren.

Milchmalzextrakt einer früheren Fabrikation, das gegen

7$^0/_0$ Fett haben sollte und bei der direkten Ätherextraktion nur 2,52$^0/_0$ lieferte, ergab bei der Verdauungsmethode 7,18$^0/_0$.

Bei obiger Methode lässt sich auch die Anwendung eines Scheidetrichters umgehen und die verbrauchte Äthermenge reduzieren dadurch, dass man die Flüssigkeit solange auf das Filter zurückgibt, bis sie absolut klar durchläuft; es erfordert dies allerdings einige Zeit, macht sich jedoch ebenso wie die ganze kompliziert aussehende Methode sehr bequem. Vergleichsanalysen ergaben genau übereinstimmende Zahlen. So wurden in einem Falle nach der einen wie nach der anderen Art der Ausführung 4,90 $^0/_0$ Fett gefunden, welche Zahl mit der berechneten — die angewandte Milch war analysiert — genauestens übereinstimmte.

Ferrum, Ferro-Manganum et Manganum.

(Eisen-, Eisenmangan- und Manganpräparate.)

Untersuchungsmethode: siehe Helfenberger Annalen 1897, S. 375—377 und nach dem D. A. IV.

Untersuchungsresultate:

	Nr.	% Glührückstand	% Fe	% Mn	Spez. Gew. b. 15°C.	% Trockenrückstand	Löslichkeit
Ferrum albuminatum oxydatum cum Natrio citrico ca. 15% Fe	1	24,28	16,99	—	—	—	normal
Ferrum albuminatum oxydatum solubile für Schweden ca. 15% Fe	1	24,35	17,04	—	—	—	„
„	2	24,32	17,02	—	—	—	„
„	3	24,48	17,13	—	—	—	„
Ferrum albuminatum oxydatum solubile ca. 20% Fe	1	30,29	21,20	—	—	—	„
Ferrum carbonicum oxydulatum saccharat. 10% Fe	1*	—	7,70	—	—	—	„
„	2	—	11,76	—	—	—	„
				% FeCO$_3$	% Fe als Oxydul	% Fe als Oxyd	
„	3*	11,74	8,22	15,36	7,42	0,80	„
„	4*	9,62	6,73	14,00	—	—	„
„	5*	11,46	8,02	12,80% FeCO$_3$ aus der CO$_2$ bestimmt			„
„	6*	11,18	7,82	12,03% FeCO$_3$ mittels Fällung durch			„
„				12,40% Oxalsäure best.			„
„	7	15,90	11,13	17,40% FeCO$_3$ aus der CO$_2$ (6,6%) best.			„
„				17,60% FeCO$_3$ als Oxalat gefällt			„
„				17,90% „ „			„
„				8,54—8,64% Fe als Oxydul			„
„				2,38% Fe als Oxyd			„

	Nr.	% Glührückstand	% Fe	% Mn	Spez. Gew. b. 15°C.	% Trockenrückstand	Löslichkeit
Ferrum dextrinatum oxydatum ca. 10% Fe	1	16,94	11,15	—	—	—	normal
							,,
Ferrum peptonatum oxydatum ca. 25% Fe	1	34,33	24,04	—	—	—	,,
,,	2	33,23	23,76	—	—	—	,,
,,	3	34,33	24,03	—	—	—	,,
Ferrum saccharatum oxydatum D.A.IV. 3% Fe	1	4,27	2,99	—	—	—	,,
,, ,,	1	17,20	11,35	—	—	—	,,
,, ca. 10% Fe	2	—	11,28	—	—	—	,,
Ferro-Manganum jodopeptonatum ca. 15% Fe, 2,5% Mn	1	25,14	15,12	2,74	—	—	,,
Ferro-Manganum peptonatum ca. 15% Fe und 2,5% Mn	1	25,06	14,81	2,76	—	—	,,
,,	2	26,79	16,45	2,52	—	—	,,
,,	3	26,04	15,52	2,85	—	—	,,
,,	4	25,75	15,03	2,70	—	—	,,
Ferro-Manganum saccharatum ca. 10% Fe und 1.6% Mn	1*	18,47	10,14	1,17-1,22	—	—	,,
,,	2	18,95	10,32	1,63	—	—	,,
,,	3	23,11 23,37	13,39	2,36	—	—	,,
,,	4	17,40 17,44	9,23	1,86	—	—	,,
Ferro-Manganum saccharatum liquidum ca. 5% Fe und 0,8% Mn	1	12,11	6,14	1,02	1,432	—	,,
,,	2	10,58	5,25	0,92	1,373	62,24	,,
,,	3	10,40	5,26	0,79	1,366	59,99	,,
,,	4	11,11	5,48	0,85	1,383	63,40	,,
,,	5	10,70	5,44	0,77	1,378	50,52	,,
Mangan. saccharatum oxydatum ca. 10% Mn	1	14,72	—	10,40	—	—	,,
,,	2	15,42	—	10,25	—	—	,,

Die mit * bezeichneten Präparate sind zu beanstanden.

Verschiedene in der Tabelle mit etwas niedrigerem Eisen- oder Mangangehalt aufgeführte Fabrikationen sind nicht „beanstandet", weil sie für diejenigen Fabrikationen, deren Gehalt öfters höher als nötig ausfällt, als Abstimmungsmittel verwendet werden; dasselbe gilt von den zu hoch ausgefallenen nicht als „beanstandet" bezeichneten Eisensalzen in umgekehrtem Sinne.

Hydrargyrum extinctum.

(Quecksilber-Verreibung.)

Untersuchungsmethode: Wie bei Ungt. Hydrarg. cin., Helfenberger Annalen 1897, S. 390.

Untersuchungsresultate:

Nr.	$\%$ Hg	Maximalzahl μ
1	84,61	9,45
2	84,03	6,75
3	84,18	5,40
4	84,68—84,70	5,40
5	84,71	4,05
6	84,52	6,75
7	84,70	10,80
8	84,61	4,05
9	84,76	7,75
10	84,01	2,70
11	84,74	9,45
12	84,70	8,10
13	84,92	8,10

Beanstandet wurde:

1	85,09	8,10

Linteum sinapisatum.

(Senfleinwand.)

Untersuchungsmethode: Wie bei Charta sinapisata, siehe Helfenberger Annalen 1897, S. 367.

Die Senfölbestimmung nach der „modifizierten E. Dieterich'schen Methode" oder nach dem D. A. IV.

Untersuchungsresultate:

Im Berichtsjahre kamen zwei Fabrikationen Senfleinwand mit feinem Senfmehl gestrichen zur Prüfung.

Nr. 1: 100 □ cm $=$ 2,520 g Senfmehl $=$ 1,16 % aeth. Senföl auf Mehl berechnet $=$ 0,029232 g aeth. Senföl.

Nr. 2: 100 □ cm $=$ 2,360 g Senfmehl $=$ 1,24 % aeth. Senföl auf Mehl berechnet $=$ 0,029264 g aeth. Senföl.

Liquor Aluminii acetici.

(Aluminiumacetatlösung.)

Untersuchungsmethode: nach dem D. A. IV.

Untersuchungsresultate:

Nr.	Spez. Gew. bei 5° C.	% Al_2O_3	Bemerkungen
1	1,0470	2,790	Entspr. s. d. Anforderung. d. D. A. IV.
2	1,0455	2,720	„
3	1,0450	2,848	„
4	1,0460	2,890	„
5	1,0460	2,900	„
6	1,0460	2,866	„
7	1,0470	3,000—3,030	„
8	1,0465	2,910	„
9	1,0470	3,202	„
10	1,0470	3,120	„

Nr.	Spez. Gew. bei 15° C.	% Al$_2$O$_3$	Bemerkungen
11	1,0460	2,740	Entspr. s. d. Anforderung. d. D. A. IV.
12	1,0450	2,858	„
13	1,0480	2,920	„
14	1,0460	2,980	„

Beanstandet wurden:

Nr.	Spez. Gew. bei 15° C.	% Al$_2$O$_3$	Bemerkungen
1	1,0430	2,374	Wurde mit Weingeist stark und auch in der Wärme schnell trübe. E. nicht d. A. d. D. A. IV.
2	1,0470	2,642	Wurde auf Zusatz von Weingeist gallertartig und erst auf Hinzufügen von viel Essigsäure wieder klar.
3	1,0550	2,700	E. nicht d. A. d. D. A. IV.

Da wir bei dem unter Nr. 2 beanstandeten Liquor durch Zusatz von Essigsäure das Gallertigwerden mit Weingeist verhüten konnten, bestimmten wir einmal aus Interesse die im Liquor enthaltene Essigsäure und zum Vergleich in einem älteren dem D. A. IV vollständig entsprechenden Präparat.

Wir erhielten

im beanstandeten Liquor . . . . . 5,28% Essigsäure,

im normalen Liquor . . . . . . 6,30% „

Es handelte sich in diesem Falle um die versehentlich aus nicht dem D. A. IV entsprechenden Calciumkarbonat hergestellte Aluminiumacetatlösung. (Siehe diese Annalen unter Calcium carbonicum praecipitatum S. 50.)

Betreffs des Aluminiumsubacetatgehaltes und des spezifischen Gewichtes verweisen wir auf die Helfenberger Annalen 1900, S. 289; aus den dort gekennzeichneten Gründen und der Unmöglichkeit dem spezifischen Gewicht, Aluminiumgehalt und Haltbarkeit laut Forderung des D. A. IV gleichzeitig gerecht zu werden, sind die in der Tabelle aufgeführten Al$_2$O$_3$ Prozente (D. A. IV 2,3—2,6%) nicht beanstandet, trotzdem sie durchweg höher liegen, als das D. A. IV fordert.

Liquores Ferri et Ferro-Mangani.

(Eisen- und Eisenmanganflüssigkeiten.)

In Rücksicht auf die zahlreichen Nachahmungen unserer Original-Eisenmangan-Liquores haben wir der Untersuchung dieser Präparate, wie schon in der Vorrede hervorgehoben worden ist, noch grössere Sorgfalt als früher zugewandt. Während in den vor- und vorvorjährigen Annalen besonders bei den Liquores Ferro-Mangani peptonati und saccharati nur die Durchschnittswerte mehrerer Fabrikationen angegeben wurden, sollen in Zukunft wieder die Einzeluntersuchungen registriert werden, trotzdem diese Abteilung damit mehr das Aussehen eines Laboratoriumsjournal bekommt, als dasjenige einer wissenschaftlichen Berichterstattung.

Wir weisen noch besonders darauf hin, dass unsere Einrichtungen zur Herstellung dieser Eisenliquores bedeutend verbessert und vergrössert worden sind und daher ein im Grossen stets gleichmässiger als im Kleinen ausfallendes Präparat, welches ausserdem noch genau analytisch kontrolliert wird, zur Ablieferung kommt.

Auch zahlreiche Nachahmungen, — im Kleinen hergestellt — sind von uns untersucht worden; die analytischen Ergebnisse haben gezeigt, dass die Herstellung im Kleinen ungleichmässige Präparate liefert und dass — wie dies der mit demEtikett meist nicht übereinstimmende Gehalt an Eisen und Mangan zeigte –– die analytische Kontrolle völlig fehlte.

Nach den in den Fachzeitungen stattgefundenen Diskussionen über die Priorität der indifferenten Eisen-Manganverbindungen und der hierbei stattgefundenen Klärung haben wir vorläufig keinen Grund, die Analysenresultate der Nachahmungen der Öffentlichkeit zu übergeben; wir glauben aber, dass sowohl die Ärzte wie Apotheker unsere analytisch genau kontrollierten, gleichmässig zusammengesetzten Eisenpräparate den Nachahmungen vorziehen werden. Die grosse Zunahme im Konsum unserer Original-Liquores hat diese Hoffnung schon im letzten Berichtsjahr voll und ganz bestätigt.

Liquor Ferri albuminati D. A. IV.

(Eisenalbuminatlösung D. A. IV.)

Untersuchungsmethode: siehe Helfenberger Annalen 1897, S. 380 und nach dem D. A. IV.

Untersuchungsresultate:

Nr.	Spez. Gew. bei 15° C.	% Trocken-rückstand bei 15° C.	% Glührück-stand n. d. D. A. IV	Bemerkungen	
1	0,9885	—	0,672	E. d. A. d. D. A. IV.	
2	0,9888	1,905	0,698	„	0,489% Fe
3	0,9888	1,785	0,654	„	

Liquor Ferri albuminati, klar, versüsst.

(Eisenalbuminatlösung, klar, versüsst.)

Untersuchungsmethode: siehe Helfenberger Annalen 1897, S. 380.

Untersuchungsresultate:

Nr.	Spez. Gew. bei 15° C.	% Trocken-rück-stand b. 100° C.	% Glüh-rück-stand	% Fe	Bemerkungen
1	1,0430	15,00	0,622	0,430	schwach alkalisch, klar, Geschmack normal
2	1,0425	15,35	—	—	„
3	1,0410	14,68	0,578	0,404	„
4	1,0420	15,61	—	—	„
5	1,0445	15,73	—	—	„
6	1,0446	15,20	0,586	0,410	„
7	1,0440	15,85	0.737	0,440	„
8	1,0420	15,03	—	—	„
9	1,0450	15.25	—	—	„
10	1,0399	14,56	0,762	0,520	„

Liquor Ferri dialysati.

(Dialysierte Eisenoxychloridlösung.)

Untersuchungsmethode: siehe Helfenberger Annalen 1897, S. 379 und 380 und nach dem D. A. IV.

Untersuchungsresultate:

Nr.	% HCl	% Fe	Spez. Gew. bei 15° C.	Bemerkungen
1	0,64	5,24	1,0730	9,38 % Trockenrückstand
2	0,65	5,14	1,0730	—
3	0,71	5,12	1,0720	9,48 % Trockenrückstand
4	0,62	5,24	—	—
5	0,73	5,17	—	—
6	0,67	5,02	1,0702	—
7	0,77	5,34	1,0752	—
8	0,73	5,49	1,0750	—
9	0,46	5,04	1,0717	—
10	0,60	5,44	1,0740	—
11	0,62	4,92—4,98	1,0678	—
12	0,49	5,02	1,0690	—
13	0,62	5,04	1,0710	—
14	0,58	5,36	1,0760	—
15	0,64	5,27	—	—
16	0,36	5,29	1,0720	—
17	0,52	5,26	1,0710	—
18	0,62	5,14	1,0720	—

Liquor Ferri peptonati dulcis.

(Eisenpeptonatlösung, versüsst.)

Untersuchungsmethode: siehe Helfenberger Annalen 1897, S. 381.

Untersuchungsresultate:

Nr.	Spez. Gew. bei 15° C.	% Trocken- rück- stand b. 100° C.	% Fe	Bemerkungen
1	1,0460	13,42	—	klar, Geschmack normal, schwach sauer
2	1,0471	14,47	—	„ „ „
3	1,0479	13,93	—	„ „ „
4	1,0475	13,02	0,397	„ „ „
5	1,0470	16,21	—	„ „ „
6	1,0460	13,27	—	„ „ „

Liquor Ferro-Mangani peptonati, unversüsst.

(Eisenmanganpeptonatlösung, unversüsst.)

Untersuchungsmethode: siehe Helfenberger Annalen 1897, S. 381.

Untersuchungsresultate:

Nr.	Spez. Gew. bei 15° C.	% Trocken- rück- stand b. 100° C.	% Glüh- rück- stand	% Fe	% Mn	Bemerkungen
1	1,0164	5,44	—	—	—	klar, schwach sauer, Geschmack normal
2	1,0174	5,76	—	—	—	„
3	1,0180	5,58	1,04	0,61	0,126	„
4	1,0185	5,61	—	—	—	„

Liquor Ferro-Mangani peptonati dulcis.

(Eisenmanganpeptonatlösung, versüsst.)

Untersuchungsmethode: siehe Helfenberger Annalen 1897, S. 381.

Untersuchungsresultate:

Nr.	Spez. Gew. bei 15 ° C.	% Trockenrückstand b. 100 ° C.	% Glührückstand	% Fe	% Mn	Bemerkungen
1	1,0560	14,51	—	—	—	klar, schwach sauer, Geschmack normal
2	1,0554	15,30	—	—	—	„
3	1,0561	15,24	—	0,63	0,11	„
4	1,0560	13,55	—	—	—	„
5	1,0560	14,17	1,054	0,61	0,14	„
6	1,0564	14,28	1,127	0,58	0,12	„
7	1,0560	13,40	1,060	0,63	0,13	„
8	1,0564	14,73	1,050	0,63	0,11	„
9	1,0556	14,01	1,006	0,62	0,12	„
10	1,0555	13,76	1,010	0,61	0,12	„
11	1,0550	13,35	1,000	0,61	0,11	„
12	1,0554	14,10	1,040	0,60	0,11	„
13	1,0554	14,06	1,030	0,64	0,12	„
14	1,0507	13,63	0,957	0,57	0,12	„
15	1,0550	14,00	0,991	0,59	0,10	„
16	1,0550	13,14	—	—	—	„
17	1,0550	13,11	—	—	—	„
18	1,0550	—	1,065	0,62	0,11	„
19	1,0560	13,92	—	—	—	„
20	1,0560	13,14	0,995	0,61	0,11	„
21	1,0560	13,47	1,022	0,60	0,12	„
22	1,0570	14,49	1,050	0,62	0,12	„
23	1,0550	13,33	1,045	0,60	0,11	„
24	1,0550	14,16	1,060	0,61	0,11	„

Nr	Spez. Gew. bei 15° C.	% Trockenrückstand b. 100° C.	% Glührückstand	% Fe	% Mn	Bemerkungen
25	1,0550	14,80	1,060	0,60	0,10	klar, schwach sauer, Geschmack normal
26	1,0560	13,45	1,020	0,60	0,12	„
27	1,0550	13,16	1,045	0,61	0,11	„
28	1,0550	13,41	1,020	0,59	0,10	„
29	1,0552	13,51	1,040	0,60	0,10	„
30	1,0540	13,06	1,020	0,61	0,10	„

Beanstandet wurden:

Nr	Spez. Gew. bei 15° C.	% Trockenrückstand b. 100° C.	% Glührückstand	% Fe	% Mn	Bemerkungen
1	1,0540	12,89	0,98	0,59	0,10	klar, schwach sauer, Geschmack normal
2	1,0455	12,92	—	—	—	„
3	1,0506	12,67	—	—	—	„
4	1,0550	18,92	—	—	—	„
5	1,0550	12,89	1,07	0,62	0,10	„

Liquor Ferro-Mangani peptonati dulcis triplex.

(Dreifache versüsste Eisenmanganpeptonatlösung.)

Untersuchungsmethode: Genau wie Liquor Ferro-Mangani peptonati simplex. Die Verdünnung 10 Teile Liquor $+$ 16 Teile Wasser $+$ 4 Teile Spiritus von $90^0/_0$ muss das spez. Gew. und die Eigenschaften des einfachen Liquors zeigen.

Untersuchungsresultate:

Nr.	Spez. Gew. bei 15^0 C.	Spez. Gew. bei 15^0 C. (Ver-dünnung)	$^0/_0$ Trocken-rückstand bei 100^0 C.	$^0/_0$ Glüh-rück-stand	$^0/_0$ Fe	$^0/_0$ Mn	Bemerkungen
1	1,2430	1,0490	38,64	—	—	—	Die Verdünnung war: klar, schwach sauer, von normalem Geschmack
2	1,2460	1,0490	38,41	—	—	—	,,
3	1,2442	1,0510	39,30—39,50	—	—	—	,,
4	1,2470	1,0513	39,20	—	—	—	,,
5	1,2470	1,0530	38,96	—	—	—	,,
6	1,2450	1,0495	40,29	3,038	1,79	0,36	,,
7	1,2408	1,0500	41,52	3,040	1,82	0,36	,,
8	1,2418	1,0505	44.74	3,050	1,83	0,34	,,
9	1,2390	1,0500	39,52	2,970	1,79	0,33	,,
10	1,2460	1,0510	39,28	—	—	—	,,
11	1,2450	1,0516	40,79	—	—	—	,,
12	1,2448	1,0490	39,38	3,040	1,88	0,30	,,

Liquor Ferro-Mangani saccharati.

(Eisenmangansaccharatlösung.)

Untersuchungsmethode: siehe Helfenberger Annalen 1897, S. 381 und 382.

Untersuchungsresultate:

Nr.	Spez. Gew. bei 15^0 C.	$\%$ Trockenrückstand bei 100^0 C.	$\%$ Glührückstand	$\%$ Fe	$\%$ Mn	Bemerkungen
1	1,0660	18,95	—	—	—	klar, schwach alkalisch, Geschmack normal
2	1.0670	19,31	—	—	—	,,
3	1,0680	19,30	1,28	0,68	0,10	,,
4	1,0672	19,28	—	—	—	,,
5	1,0660	19,19	1,29	0,67	0,11	,,
6	1,0659	19,03	1,27	0,66	0,12	,,
7	1,0660	19,30	1,26	0,64	0,11	,,
8	1,0675	19,13	1,25	0,67	0,11	,,
9	1,0586	17,50	1,15	0,59	0,12	,,
10	1,0656	19,45	—	—	—	,,
11	1,0660	19,07	—	—	—	,,
12	1,0660	19,40	1,27	0,70	0,10	,,
13	1,0660	19,14	1,34	0,68	0,10	,,
14	1,0660	19,14	1,32	0,65	0,10	,,
15	1,0670	19,20	1,25	0,65	0,10	,,
16	1,0660	19,15	1,30	0,63	0,10	,,
17	1,0650	18,99	1,25	0,62	0,10	,,
18	1,0660	19,10	1,29	0,65	0,11	,,
19	1,0660	19,02	1,31	0,64	0,11	,,

Liquor Ferro-Mangani saccharati triplex.

(Dreifache Eisenmangansaccharatlösung.)

Untersuchungsmethode: Genau wie Liquor Ferro-Mangani saccharati simplex. Die Verdünnung 10 Teile Liquor $+$ 16 Teile Wasser $+$ 4 Teile Spiritus von 90$^0/_0$ muss das spezifische Gewicht und die Eigenschaften des einfachen Liquors zeigen.

Untersuchungsresultate:

Nr.	Spez. Gew. b. 15º C.	Spez. Gew. b. 15º C. (Verdünnung)	$^0/_0$ Trockenrückstand b. 100º C.	$^0/_0$ Glührückstand	$^0/_0$ Fe	$^0/_0$ Mn	Bemerkungen
1	1,3050	1,0620	58,61	4,25	1,99	0,31	Die Verdünnung war klar, schwach alkalisch, von normalem Geschmack
2	1,3130	1,0640	59,34	—	—	—	
3	1,3100	1,0650	59,16	—	—	—	,,
4	1,3165	1,0689	60,16	—	—	—	,,
5	1,3020	1,0650	59,00	—	—	—	,,
6	1,3030	1,0650	58,66	3,76	2,03	0,32	,,
7	1,3130	1,0655	59,61	—	—	—	,,
8	1,3000	1,0616	56,39	—	—	—	,,

Liquor Kalii arsenicosi.

(Fowler'sche Lösung.)

Untersuchungsresultate:

Nr.	5 ccm=x ccm $\frac{n}{10}$ J-Lsg.	Bemerkungen
1	10,07	E. d. A. d. D. A. IV.
2	10,05	,,
3	10,07	,,

Beanstandet wurden:

1	10,19	zu stark im Arsengehalt, E. s. d. A. d. D. A. IV., wurde verdünnt.
2	10,19	,, ,, ,,

Bei einem so stark wirkenden Arzneimittel, wie es die Fowler'sche Lösung ist, möchten wir für eine Neuausgabe des D. A. IV vorschlagen, nicht nur 5 ccm, sondern mindestens 10 ev. 20 ccm zur Gehaltsbestimmung verwenden zu lassen. Bei Anwendung von 5 ccm kommt es beim Titrieren auf einen Tropfen Normallösung an und dieser liegt sehr oft schon im Bereich des Titrierfehlers. Bei Verwendung von 10 resp. 20 ccm könnte dann die Vorschrift lauten:

> *„Lässt man zu 10 resp. 20 ccm Fowler'scher Lösung, welche mit einer Lösung von 2 resp. 4 g Natriumbicarbonat in 40 resp. 80 ccm Wasser und einigen Tropfen Stärkelösung versetzt ist, $\frac{n}{10}$ Jodlösung fliessen, so darf durch Zusatz von 20 resp. 40 ccm der letzteren noch keine bleibende Blaufärbung hervorgerufen werden, wohl aber soll eine solche auf weiteren Zusatz von 0,2 resp. 0,4 ccm $\frac{n}{10}$ Jodlösung entstehen."*

Man hätte dann beim genauen Einstellen des Liquors einen Spielraum von 0,20—0,40 ccm, das sind 6—12 Tropfen gegen 2—3 Tropfen bei der jetzigen Vorschrift, und dieser weitere Spielraum liegt nicht mehr in der Möglichkeit des Titrierfehlers.

Mel depuratum.

(Gereinigter Honig.)

Untersuchungsmethode: siehe Helfenberger Annalen 1897, S. 344 und nach dem D. A. IV.

Untersuchungsresultate:

Mel depuratum	Nr.	Spez. Gew. bei 15⁰ C.	S. Z. von 10 g	Polari-sation der Lösung $(1+2)$	% Asche	Bemerkungen
Germanicum	1	1,3690	9,52	—	0,026	gab mit Weingeist Opalescenz, mit Ba $(NO_3)_2$ schwache Trübung
„	2	—	—	—	—	„
„	3	1,3606	12,88	— 9,5⁰	0,226	„ entsprachen sonst dem D. A. IV.

Beanstandet wurde:

Germanicum	1	1,3600	9,80	—	0,225	Mit Weingeist geringe Trübung, mit Ba $(NO_3)_2$ reichliche Fällung d. A. d. D. A. IV. nicht entsprechend.

Oxymel Scillae.

(Meerzwiebelhonig.)

Untersuchungsmethode: siehe Helfenberger Annalen 1897, S. 382 und nach dem D. A. IV.

Untersuchungsresultate:

Oxymel Scillae	Nr.	% Essigsäure	Bemerkungen
decemplex	1	9,81	Die Verdünnung mit Mel depur. im Verh. (1 + 9) war klar, gelblichbraun u. entsprach dem D. A. IV.
,,	2	9,00	,,
,,	3	8,46	,,.
,,	4	9,21	,,
simplex D. A. IV.	1	1,05	E. d. A. d. D. A. IV.
,,	2	0,99	,,
,,	3	0,93	,,
,,	4	0,96	,,

Des Interesses halber wurde eine Probe Meerzwiebelhonig geprüft, welche zwei Jahre lang aufgehoben worden war und dem Äussern nach noch völlig unverdorben schien. Die Prüfung des Essigsäuregehalts, welcher frisch 9,5 % betragen hatte, ergab nur 6,61 %, derjenige der Verdünnung 1 + 9 war 0,73 %.

Pulpa Tamarindorum depurata.

(Gereinigtes Tamarindenmus.)

Untersuchungsmethode: siehe Helfenberger Annalen 1897, S. 383 und nach dem D. A. IV.

Untersuchungsresultate:

Pulpa Tamarindorum depurata	Nr.	% Feuchtig-keit	% Asche	% Cellulose	% Wein-säure	% Invert-zucker
D. A. IV.	1	38,97	1,97	4,14	12,75	46,00
„	2	39,55	1,95	3,48	12,06	53,10
„	3	37.56	2,25	3,72	12,40	45,31
concentrata	1	19,53	2.13	3,70	13,41	53.94

Beanstandet wurden:

concentrata	1	25,17	2,32	3,55	12,75	52,76
„	2	25,60	1,90	2,90	12,87—13,00	58,50
„	3	22,23	2,26	4,10	13,94	56,10

Pulveres.

(Pulver.)

Untersuchungsmethode: siehe Helfenberger Annalen 1897, S. 384.

Untersuchungsresultate:

Pulvis — subtilis	Nr.	$^0/_0$ Verlust bei 100° C.	$^0/_0$ Asche	Maximalzahl μ
florum Chrysanthemi	1	7,97	7,01	202,50
„ „	2	8,83	6,39	135,00
„ „	3	10,52	6,16	67.50
foliorum Sennae Alexandrinae	1	9,00	10,20	135,00
„ „ Tinevelly	1	8,91	16,43—16,46	54,00
fructuum Capsici	1	—	5,68	—
herbarum Digitalis	1	8,58	8,87	135,00
radicis Liquiritiae russicae	1	10,46	6,36	132,30
„ Rhei sinensis	1	6,63	7,66	74,25

Im Berichtsjahre prüften wir unser Dalmatiner Insektenpulver nach der in der Ph. Ztg. 1900 Nr. 80, S. 777 gegebenen, von G. Fromme modifizierten Durantschen Vorschrift. Darnach werden 8 g Pulver mit 80 g Äther (0,720 spez. Gew. bei 15° C.) 1 Stunde unter öfterem Umschütteln maceriert, 50 g (= 5 g Pulver) abgegossen, die aeth. Extraktlösung mit etwa 1 g Wasser tüchtig durchgeschüttelt, filtriert, das Filter mit Äther gut nachgewaschen und die ätherische Flüssigkeit aus einem gewogenen Kölbchen abdestilliert.

Wir erhielten 5,16—5,38$^0/_0$ Ätherextrakt.

Sapones.

(Seifen.)

Untersuchungsmethode: siehe Helfenberger Annalen 1897, S. 385—386 und nach dem D. A. IV.

Untersuchungsresultate:

Sapo	Nr.	$^0/_0$ Gesamt-alkali*)	Bemerkungen
kalinus ad spiritum saponatum	1	0,78	reagierte alkalisch, Löslichkeit normal
„	2	0,67	„ „
„	3	0,34	„ „
„	4	0,55	„ . „
„	5	0,36	„ „
„	6	0,42	„ „
„	7	0,90	„ „
„	8	0,68	„ „
„	9	0,17	„ „
„	10	0,14	„ „

Beanstandet wurden:

Sapo	Nr.	Gesamtalkali	Bemerkungen
kalinus ad spiritum saponatum	1	1,79	reagierte alkalisch, Löslichkeit normal
„	2	1,82	„ „
kalinus D. A. IV.	1	0,330	Löslichkeit, e. s. d. A. d. D. A. IV normal
„ „	2	0,220	„ „
„ „	3	0,259	„ „
„ „	4	0,330	„ „
„ „	5	0,330	„ „
„ „	6	0,118	„ „
„ „	7	0,280	„ e. s. d. A. d. D. A. IV.

*) vergl. unsere Annalen 1901 S. 197, Anmerkung unten.

Beanstandet wurden:

Sapo	Nr.	% Gesamt-alkali	Bemerkungen
kalinus D. A. IV.	1	0,75	Löslichkeit normal, hält die D.A.IV.-Probe auf freies Alkali nicht aus
„ „	2	1,07	„ „
„ „	3	0,52	„ „
„ „	4	0,67	„ „
„ „	5	0,52	„ „ 0,38% fr.Alk.
„ „	6	0,63	„ „
medicatus D. A. IV.	1	0,49	freies Alkali nicht vorhanden e. d. A. d. D. A. IV.
„ „	2	0,59—0,61	„ „
oleïnicus ad spiritum saponatum	1	0,81	Löslichkeit normal, reagierte alkalisch
„	2	0,78	„ „
„	3	1,06	„ „
„	4	1,12	„ „
„	5	1,14	„ „
„	6	1,17	„ „
„	7	0,62	„ „

Beanstandet wurde:

Sapo	Nr.	% Gesamt-alkali	Bemerkungen
oleïnicus ad spiritum saponatum	1	3,50	„ enthielt zu viel freies Alkali
stearinicus	1	2,02	Löslichkeit, Suppositorien und Opodeldok normal
„	2	0,78	„ „
„	3	0,90	„ „
„	4	0,98	„ „
„	5	1,00	„ „
„	6	0,92	„ „
„	7	1,06	„ „

Sapo mercurialis unguinosus.

(Quecksilber-Salbenseife.)

Untersuchungsmethode: Wie bei Hydrargyrum extinctum und Ungt. Hydrargyr. cin., unter Berücksichtigung unserer Bemerkung in den Annalen 1901, S. 199.

Untersuchungsresultate:

Nr.	% Hg	Maximalzahl μ
1	33,62	9,45

Beanstandet wurde:

1	2,53	6,75

Solvosal-Präparate.

(Wasserlösliche Salze der Salol-O-Phosphinsäure nach Dr. Kerkhof.)

Untersuchungsmethode: Bestimmung des Kaliums oder Lithiums als Kalium- oder Lithiummetaphosphat durch einfaches Glühen des Präparates. Prüfung der Löslichkeit der Präparate in kaltem Wasser, Feststellung der Reaktion der Lösung und Fällung der wässerigen Lösung mit Eisenchlorid. Solvosal-Kalium soll etwas schwerer in kaltem Wasser löslich sein als das Lithium-Präparat, die wässerige Lösung soll bei beiden sauer reagieren und der Niederschlag mit Eisenchlorid soll weiss, nicht violett sein.

Untersuchungsresultate:

Solvosal-	Nr.	% Kalium resp. Lithium	Löslichkeit in kaltem Wasser	Reaktion der wässer. Lösung	Fällung mit Fe_2Cl_6
Kalium	1	11,45	normal	sauer	weiss
„	2	11,70	„	„	„
Lithium	1	2,24	„	„	„
„	2	2,40	„	„	„

Spiritus decemplices.

(Zehnfache Spirituspräparate.)

Untersuchungsmethode:

a) Bestimmung des spezifischen Gewichts des konzentrierten und verdünnten Spiritus;
b) Geruchsprüfung;
c) nach dem D. A. IV bei dem einfachen Präparat.

Untersuchungsresultate:

Spiritus - decemplex	Nr.	Spez. Gew. bei 15⁰ C.	Spez. Gew. der Verdünnung bei 15⁰ C.	Geruch
Angelicae comp.	1	0,8750	0,8980	kräftig normal
Juniperi	1	0,8640	0,8980	,,
	2	0,8650	0,8990	,,
Lavandulae	1	0,8765	0,8975	,,
Melissae	1	0,8607	0,9053	,,
	2	0,8601	0,9075	,,
Rosmarini	1	0,8494	0,8965	,,
Serpylli	1	0,8760	0,8970	,,

Über die bei Herstellung der Verdünnungen einzuhaltenden Gewichtsverhältnisse bitten wir in den Annalen 1901, S. 204 nachzulesen.

Succus-Präparate.

Succus Juniperi inspissatus D. A. IV.

(Wacholdermus D. A. IV.)

Untersuchungsmethode: siehe Helfenberger Annalen 1897, S. 387 und nach dem D. A. IV.

Untersuchungsresultate:

Wacholdermus kam im vorigen Jahre zweimal zur Prüfung.

Nr.	% Feuchtigkeit	% Asche	% Invertzucker	Bemerkungen
1	35,38	4,29	56,16	E. s. d. A. d. D. A. IV.
2	19,00	5,06	57,15	„

Succus Liquiritiae depuratus spissus D. A. IV.

(Gereinigter, dicker Süssholzsaft.)

Untersuchungsmethode: siehe Helfenberger Annalen 1897, S. 387 und nach dem D. A. IV.

Untersuchungsresultate:

Nr.	% Feuchtigkeit	% Asche	% Glycyrrhicin	Bemerkungen
1	29,94	7,45	18,25	hielt Chlorammoniumprobe aus. e.d.A.d.D.A.IV.
2	28,58	7,48	21,00	„ „
3	31,45	6,42	13,20	„ „
4	28,28	7,20	17,64	„ „
5	24,04	8,62	15,80	„ „
6	32,71	7,75	13,96	„ „

Succus Sambuci.

(Fliedermus.)

Untersuchungsmethode: siehe Helfenberger Annalen 1897, S. 387, wie unter Succus Juniperi beschrieben.

Untersuchungsresultate:

Nr.	°/₀ Feuchtigkeit	°/₀ Asche	°/₀ Invertzucker
1	29,14	0,51	34,60

Tincturae.

(Tinkturen.)

Untersuchungsmethode: siehe Helfenberger Annalen 1897, S. 389 u. 390 und nach dem D. A. IV.

(Bei den Opiumtinkturen verfahren wir in Zweifelfällen auch noch nach E. Dieterich, titrieren jedoch das gewichtsanalytisch gewonnene Morphin in einem zweiten Kontrolversuch nach dem D. A. IV.)

Untersuchungsresultate:

Tinctura	Nr.	Spez. Gew. bei 15^0 C.	°/₀ Trocken-rückstand	Besondere Be-stimmungen	Kapillar-Analyse nach Kunz-Krause
aromatica D. A. IV.	1	0,9030	1,39	—	normal
Benzoës venalis	1	0,8753	13,43	—	,,
Chinae D. A. IV.	1	0,9160	4,77	—	,,
	2	0,9160	4,70	—	,,
Chinae comp. D. A. IV.	1	0,9183	5,55	—	,,
Digitalis D. A. IV.	1*	0,9010	1,260 – 1,269	—	anormal
Ferri pomata D. A. IV.	1	1,0266	7,46	—	normal

*) Die mit * bezeichneten Tinkturen wurden beanstandet.

Tinctura	Nr.	Spez. Gew. bei 15⁰ C.	% Trockenrückstand	Besondere Bestimmungen	Kapillar-Analyse nach Kunz-Krause
Myrrhae D. A. IV.	1	0,8465	4,69	—	normal
Opii crocata D. A. IV.	1	0,9823	—	$\%$ Morphin 1,098	„
Opii simplex D. A. IV.	1	0,9780	5,03	0,9975-1,0117	„
„	2	0,9760	4,85	0,9975	„
„	3*	0,9750	3,49	0,831 (2 ✕)	„
„	4	0,9760	4,54	0,998	„
„	5*	0,9745	6,31	0,890—0,920	„
„	6*	0,9760	5,16	0,969—0,983	„
„	7*	0,9770	3,85	0,916	„
„	8	0,9770	4,81	1,070—1,090	„
Pimpinellae D. A. IV.	1	0,9060	2,48	—	„
Ratanhiae D. A. IV.	1	0,9250	5,37	—	„
Rhei vinosa D. A. IV.	1	1,0540	18,15	—	etwas abweichend
Strophanti D. A. IV.	1	0,9010	1,37	—	normal
„	2	0,9000	1,16	—	etwas abweichend
Strychni D. A. IV.	1	0,9000	1,25	$\%$ Alkaloid 0,32	normal
Zingiberis D. A. IV.	1	0,8980	1,25	—	„

Die mit * bezeichneten Tinkturen wurden beanstandet.

Unguenta concentrata.

(Konzentrierte Salben.)

Untersuchungsmethode: Wie bei den einfachen Salben, siehe Helfenberger Annalen 1897, S. 390.

Untersuchungsresultate:

Unguentum — concentratum	Nr	Maximalzahl μ
Acidi borici	1	163,35
„ „	2	76,95
„ „	3	105,30
„ „	4	145,80
„ salicylici	1	106,65
„ „	2	139,05
Bismuti subnitrici	1	87,75
„ „	2	79,65
„ „	3	66,15
Cerussae	1	8,10
„	2	12,15
„	3	9,45
„	4	18,90
„	5	6,75
Chrysarobini	1	52,65
„	2	24,30
„	3	32,40
Hydrargyri album	1	8,10
„ „	2	5,40
„ „	3	12,15
„ „	4	18,90
„ „	5	20.25
„ „	6	8,10

Unguentum — concentratum	Nr.	Maximalzahl μ
Jodoformii	1	85,05
„	2	102,60
Resorcini	1	66,15
„	2	72,90
..	3	68,85
..	4	75,60
sulfuratum	1	99.90
„	2	83,70
„ compositum	1	87,75
„ „	2	72,90
Zinci a.	1	1,35
..	2	6,75
..	3	2,70
.,	4	4,05
..	5	4,05
„ b.	1	5,40
., c.	1	2,70
,.	2	1,35
„	3	4,05
„	4	2,70
„	5	5,40

Unguenta Hydrargyri cinerea.

(Quecksilbersalben.)

Untersuchungsmethode: siehe Helfenberger Annalen 1897, S. 390 und nach dem D. A. IV.

Untersuchungsresultate:

Unguentum Hydrargyri	Nr.	$\%$ Hg	Maximalzahl μ
cinereum D. A. IV.	1	33,08	4,05
„ „	2	33,33	9,45
„ „	3	33,16	6,75
„ „	4	33,17	6,75
„ „	5	33,01	4,05
„ „	6	33,57	8,75
„ „	7	33,33	9,45
Beanstandet wurde:			
cinereum D. A. IV.	1	32,86	5,40
cinereum 50 $\%$	1	49,72	10,80
„ durum $33^{1}/_{3}\ \%$	1	33,52	2,70
„ „ „	2	33,06	12,15
„ „ „	3	34,03	6,75
„ „ „	4	33,40	9,45
„ „ „	5	33,80	10,80
Beanstandet wurden:			
cinereum durum $33^{1}/_{3}\ \%$	1	32,55	6,75
„ „ „	2	32,88	9,45

Pastae.

(Pasten.)

Untersuchungsmethode: siehe Helfenberger Annalen 1897, S. 396.

Untersuchungsresultate:

Pasta	Nr.	Maximalzahl μ
salicylica cum Vaselina alba	1	20,25
,, ,, ,, ,,	2	5,40
,, ,, ,, ,,	3	21,60
,, ,, ,, ,,	4	35,10
.. ,, ,, ,,	5	8,10
,, ,, ,, flava	1	21,60
,, ,, ,, ,.	2	5,40
,, ,, ,, ,,	3	8,10
,, ,. ,, ,,	4	10,80
,, ,, ,, ,,	5	13,50
,. ,, .. ,,	6	21,60
,, ,. ,, ,,	7	29,70
,. ,, ,, ,,	8	8,10
,, ,, ,, ,,	9	20,25
,. ., ,. ,,	10	8,10
,, F. M. B.	1	20,25
,, ,,	2	18,90
,, ,.	3	13,50
,, ,,	4	10,80

Pasta	Nr.	Maximalzahl μ
Zinci Unna	1	1.35
„ „	2	2,70
„ „	3	4,05
„ „	4	6,75
„ „	5	2,70
„ „	6	4,05
„ „ F. M. B.	1	17,55
„ „ „	2	10,80
„ „ „	3	9,45
„ „ „	4	6,75
„ „ „	5	10,80
„ „ „	6	12,15
„ „ „	7	5,40

Inhalts-Verzeichnis.

14*